「複雑系」が世界の見方を変える

関係、意識、存在の科学理論

ニール・シース
西村正人 訳

Notes on Complexity

A Scientific Theory of Connection, Consciousness, and Being

AKISHOBO

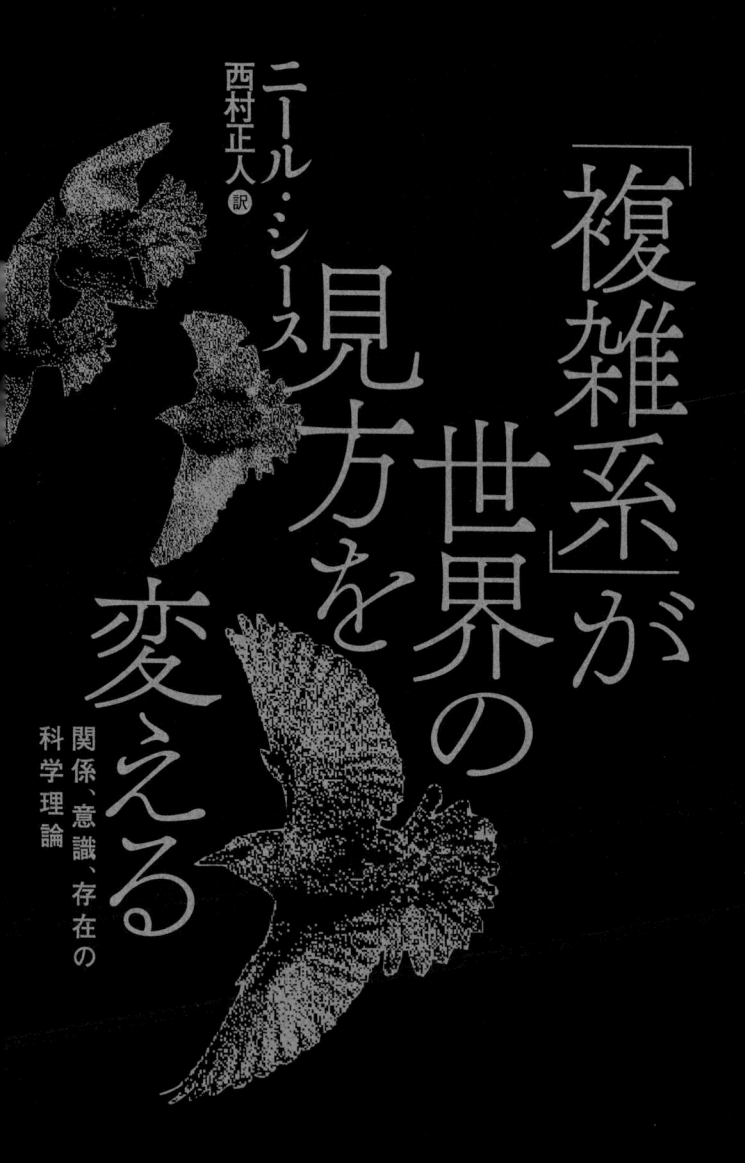

「複雑系」が世界の見方を変える

関係、意識、存在の科学理論

わが伴侶マークに、そして

幾度も旅をともにしてきた
ＣＥＬＬチームの
ピーター・ライド、ジェーン・プロフィット、
マーク・ディンヴァーノ、ロブ・サンダースと

三〇年にわたる
禅修行を導いてくれた
禅道ヴィレッジの院長、
エンキョー・オハラ老師に

心からの感謝を

彼らの教えは「宙に出合う二本の矢」のようだった。

目次

まえがき 6

I 複雑性

第1章 存在の科学 14

第2章 秩序、カオス、複雑性の起源 19

第3章 複雑性の規則と隣接可能性 37

II 相補性とホラルキーあるいは「無限の身体」

第4章 細胞レベル：身体と細胞 58

第5章 分子レベル：細胞説を超えて 71

第6章 原子レベル：ガイア 88

第7章　素粒子レベル：量子ストレンジネス　96
第8章　すべてのレベル：時空と量子泡　112

III　意識

第9章　「意識のハード・プロブレム」について　126
第10章　ウィーン学団と科学的経験論　145
第11章　クルト・ゲーデルと形式論理学の限界　153
第12章　形而上学の帰還：根源的認知　180
あとがき　203
訳者あとがき　208
出典に関する注　216
書誌　218
参考資料　221

まえがき

子どものころから、わたしは世界に関するおもしろい事実や理論を集めては、だいじにとっておくのが好きだった。それらを観察し、名づけ、理解しようとしているだけで、いつまでも飽きなかった。何より夢中になったのは科学からえたアイディアだったが、宗教、歴史、芸術などからえたアイディアにも心をうばわれた。

成長するにつれ、数学、地質学、天文学、現代物理学、宇宙論など、ふだんは見えないところに隠されている世界の秘密を明かしてくれる、そんな知識に惹かれるようになった。ことばを超えた問題をとりあつかう宗教にも心を動かされた。科学か宗教か、どちらかを選ばなければならないというような考えにとらわれたことは一度もなく、だから、どちらかのほうへ傾いたこともない。

大学では、ユダヤ神学とコンピュータ科学の両方を専攻した。前者は神学校に進む場合にそなえてのこと。後者はFortran、COBOL〔いずれもプログラミング言語〕、パンチカード〔厚手の紙に穴を開けて、その位置や穴の有無から情報を記録する記録媒体。一九七〇年代まで多用された〕全盛のあのころ、それがすごくクールに見えたからにすぎない。また、医学部進学課程を副専攻にしたのは、医学を専門とすることが、こうした科学に対する関心と自分の精神的使命——ユダヤ神秘主義でいう**世界の修復**《ティックーン・オーラム》——とをつなぐ実践になるかもしれないと考えたからだ。

結局、医学を選んだのだが、もともと考えていたのとは異なり、直接、患者の臨床治療にあたることはついになかった。そのかわり、ひたすら顕微鏡のまえに坐りつづけ、診断病理学サンプル——わたしはそれを「ひとのかけら《ピーセス・オブ・ピープル》」と呼んでいる——を観察することに尽きせぬ喜びを見出し、その微細な色やかたちや模様と向き合い、解かれるときが来るのを待っている、これら美しい謎の研究に明け暮れた。さいわいにも、わたしはこの専門ゆえに、日々、人体を科学的に考察する機会に恵まれた。わたしの生物学に必要なのは、培養皿や実験用マウスをあつかうことではなく、ヒトの組織や細胞をじっと見つめることだった。

このような臨床サンプルの蓄積から派生したいくつかの研究によって、わたしはそのころ急速に変貌していた幹細胞生物学の領野へと引き寄せられていった。そして千年紀の変わり目ごろ、気がつくと、それまでのような臨床医学専門誌ではなく、「ネイチャー」「サイエンス」「セル」などの一般科学誌に寄稿し、国際的な学界や報道機関にも知られるようになっていた。

そのころ、わたしが研究者であることを知っているひとはいても、どんな研究をしているかまで知るひとはあまりいなかった。ところが、にわかに多くのひとがそれを知るだけでなく、関心を持ってくれるようになった。

ロンドンのウェストミンスター大学で同僚だったピーター・ライドもそのひとりだ。「視覚文化《ビジュアル・カルチャー》」に関心を持っていた彼は、友人のひとりをわたしに引き合わせてくれた。そそれが複雑性理論のおもしろさをわたしに教え、この思いがけない道の存在を示してくれたひと、現代美術家のジェーン・プロフィットだった。

当時のジェーンの、もっともよく知られた仕事に、テクノスフィアと呼ばれるプロジェクトがあった。そのころ、彼女が興味を深めていたのは、ひとはどのようにしてコンピュータゲームのキャラクターと感情的なつながりを築くのかということだった。そのために彼女はプログラマーのゴードン・セリーとともにひとつの仮想世界を作り出した。そこにログインすると、自分の動物を作成することを求められる。草食か肉食かなど、その動物の身体的特徴や行動特性を選択し、それらの設定の組み合わせによって好みの動物を作成できる。そしてテクノスフィアに放たれた動物たちは、それぞれ自分の「家にあててメールを書いてよこす」のだ。たとえば、わたしの動物は、こんなメッセージを送信してきた。「今日は肉食動物から逃げきりました」「交尾して妊娠しました」「今、草を食べています」「肉食動物に殺されました。これが最後のメッセージです」。

数千頭の動物がテクノスフィアの世界をさまようようになると、ジェーンとゴードンは、直接プログラムされたのではない、動物どうしの相互作用から自然発生的に生まれた行動が見られることに気づいた。たとえば、草食動物は群れを作り、逃げるのが難しい谷間に入り込み、草を食べることがあった。すると肉食動物は、一頭ずつを攻撃し、捕獲するのではなく、谷間の開口部に列をなして並び、草食動物が草原で草を食べつくし、立ち去ろうとするのを待つのだった。やがてそのときが来ると、肉食動物は獲物の群れに襲いかかり、むさぼり食い、テクノスフィアの動物たちの生息個体数は激減する。草を食べることと獲物を狩ることはどちらも、動物たちの個々の行動の結果として自然に起きる、自己組織化された社会的活動なのだった。

ジェーンの仕事とわたしの仕事とを結びつけたのが、この自己組織化という概念にほかならない。ヒトの体内で動きまわる幹細胞のことをわたしが話すと、彼女はこの細胞とテクノスフィアの動物たちとのあいだに多くの共通点があると言うのだった。説明を求めると、彼女は複雑系の話をはじめた。アリのコロニーを例に挙げて、個々の行動は単純でも、それが集合的におこなわれることによって驚くほど複雑な社会構造や活動に発展しえることを説明してくれたのだ。彼女は複雑系の魔法をはっきりと鮮やかに描き出した。

こうしてわたしは複雑性理論へといざなわれることになった。*

ジェーンは親しくわたしに接してくれただけでなく、世界を理解するための新しい方法を示してもくれた。研究を進めるにつれて、わたしが長い時間をかけて集めてきた無数の、一見無関係としか思えない――医学や科学や精神についての――あらゆる概念が、驚くべき仕方で相互に補完しあい、人間存在の全体を構成しているということがわかってきたのだ。どういうわけか、これらの研究はその途上で、もはやただの情報であることをやめ、自分の生き方、自分を理解する仕方、さらには人間存在だけでなく、あらゆる存在の本質を理解する仕方を変えるものとなっていった。複雑性とは、存在をめぐる科学だったのだ。

それ以来、これらの新しいアイディアを学会での報告や一般向けの講演で多くの人びとと共有するようにしてきた。本書の取り扱う内容は、わたしがそれを話すたび、小学生から博士課程の大学院生まで、専門治療の従事者から調査研究者まで、ヨーガ行者から禅修行者まで、広く聴衆の好奇心や関心をかきたて、知的覚醒を促されたと言うひとさえいた。その瞬間に立ち会うたび、さまざまな人びとがひとつの事柄からそれぞれ自分だけの意味を抽《ひ》き出しているのを見て、わたしはうれしくなった。このような知識がこれほど広く人びとの反響を呼ぶという事実が、二〇年以上前、ジェーンと知り合ったばかりのころに感じていたことを確信に変えた。複雑性理論は、意識を持つ生物としてのわれわれが置かれている現実というこの世界の本質に関する理解を、鮮やかに、しかも繊細に推し進めてくれる、と。

ジェーンをはじめとする数多くの人びとから、これまで教えられてきたあらゆることに感謝しながら、わたしなりのアイディアを以下に書きとめておきたい。

＊そののち、われわれのグループは数学者マーク・ディンヴァーノとコンピュータ科学者ロブ・サンダースを加えて研究をつづけた。それがCELLチームである。

I 複雑性

第1章 存在の科学

この宇宙に生命ほど複雑なものはない。

極限まで水圧がのしかかる、光のとどかない海溝の深みにも、凍りつくヒマラヤ山脈のいただきにも、微小な生命があふれている。はるかな空、海、大地の至るところを、生命はたえず動きまわっている。きたるべき何十億年のあいだも、この惑星では、さまざまな形態をとる有機体が、われわれの想像を超える多様化を図りながら、繁栄しつづけるのはまちがいないだろう。

豊饒なる複雑さをたたえるこの生命は、長いあいだ解釈されることを拒んできた。生命の起源は今も幾重もの謎に包まれたままだ。これから、どんな生物学的驚異が現れるのか、誰も予期できないし、もしそれを知る手がかりがほしければ、その複雑さを理論化するほかはない。

複雑性理論は、世界における複雑系のありようをさぐる研究分野である。ただ、この場合、**複雑性**ということばは「複雑さ」の意味で使われているのではない。この文脈でいう**複雑性**とは、いくつものパターンの相互作用からなるクラスを指している。それは開かれていて、展開し、予測不可能だが、順応性をそなえ、自立している。これから探究するのはこのような意味での複雑性である——すなわち、量子泡内部の相互作用から、原子や分子、細胞、人間、社会構造、生態系のなりたちに至る、またそれにとどまらないこの宇宙の実体に基づいて、生命が自己組織化する過程を探究しようというのだ。

生命の複雑性にはつねに、全体は部分の総和を超える、という明確な特徴がみとめられる。たとえ生物系（細胞、身体、生態系）を構成する個々の要素の性質と行動を知りつくしていたとしても、それらの相互作用から生じる異質な特性を予測することはできない。複雑性理論では、このような予想外の結果のことを**創発特性**あるいは単に**創発**と呼ぶ。

この予測不可能性こそ、複雑性理論の核心であるとともに、世界を理解するための鍵となるその最大の特徴でもある。われわれも宇宙も、機械には似ていない。環境が変化したり、強圧的になったりしても、機械は行動を変更するという選択肢を持たない。人体や人

I
複雑性

間社会のような複雑系は、予測不可能な事態に直面したとき、自分の行動を変えることができる。複雑性の本質はこの創造力にある。

全体は部分の総和を超える。この簡潔なことばには、じつに多くの意味がこめられている。日常生活で使われるとき、このことばは共同体、チームワーク、あるいは何か高い目標のようなものを想起させる――それぞれ異なる才能や能力を持つ人びとが協力することで、個人がひとりの力で自分なりに何かをできるレベルを超える相乗効果を作り出すための、さまざまな方法のようなものを想起させるのだ。たとえば、勝ち残るチーム、社会運動、非の打ちどころがないディナーパーティを実現するときに必要になるような。

それだけではない。複雑性は人間とその社会行動のはるか向こうまで広がっている。複雑系の実例は、社会学や生物学の領域だけでなく、化学や物理学の領域にも見られる。宇宙は、絶えず生命を生み出し育む複雑性の、ゆらぐ網状組織《ウェブ》であり、生命は宇宙の目的の中心にして、そのもっとも根源的な表現かもしれないと考えたくなるくらいだ。

複雑性は、量子力学によって表現される極小の宇宙と、相対性理論によって表現される極大の宇宙とのあいだの、とても埋められそうにない懸隔《けんかく》に架けわたす橋梁《きょうりょう》になりえる。量子力学と相対性理論という二つの、あらゆる科学理論のなかでも最大の成功を収めた理論といえども、存在のもっとも基本的な要素（空間、時間、物質、エネルギー）から、生態系、文化、文明のような生命組織や社会構造の複雑なふるまいに至るきわめて長い道程を、これらの理論本来の明快さで、あまねく照らし出してはくれない。これに対して複雑性理論は、基礎物理学的に生じた実体から、われわれの日常生活やその外側に広がる自然界の動的な生物系の構造まで、それぞれがひとつずつ着実に、みずからをより大きな部分へと能動的に織り込んでいく過程を示そうとするものである。

複雑性の科学が掲げる目標は壮大で画期的なものだが、意識して学ぶなら、その教えはきわめて私的なものともなりえる。それはわれわれが存在するという知覚をめぐる最大の謎のうち、いくつかを解くことができるだろう。

子宮のなかにいるときとそのあと少しのあいだ、われわれは境界のないシームレスな世界を経験する。そこには自己も他者もなく、子どもも母親もない。それから徐々に、そして否応なく、幼年期のはじめに、この親密な一体性の段階から別の、個別性の段階に移行する。そのとき、われわれは皮膚によって隔てられるようになる。「わたし」とはその内側にあるすべてであり、「世界」とはその外側にあるすべてである。部分が生じ、全体は消え去る。

まれに運がよければ、われわれは他の人びととともに、完全な一体感をえて、自分よりも大きな何かを共有していると感じるような状況に身を置くことがある。そのような経験を探して、われわれは「わたし」と「世界」との関係を理解しようとして悪戦苦闘の日々を過ごすことになるのだ。もしかすかにでも、かつて経験したあのシームレスな一体感のことを思い出すことができるなら、過去をなつかしみ、「どうしたらあのころに戻れるのだろう？」と思うかもしれない。しかし、もしそれを思い出せないとしたら、それが何であるのかもわからないまま、何かが足りないという居心地の悪さにつきまとわれることになる。

複雑性理論は科学的な理解をもたらしてくれるだけではない。その探究の途上で、理論から刺戟《しげき》を受けて、人体の境界透過性から意識の性質に至るまで、じつにさまざまなものに対する洞察をえることができる。複雑性理論は、われわれの視点に計り知れない柔軟性を与え、より大きな全体との、本来の密接な関係を呼び覚ましてくれるだろう。そのとき、かつて持っていたはずの、あらゆるものとの一体性という生得の感覚を取り戻せるかもしれない。

第2章

秩序、カオス、複雑性の起源

複雑性理論は、科学者が**システム**と呼ばれるものに着目しはじめた二〇世紀後半に誕生した。システムとは、相互作用を通じてそれ自体よりも大きな何かを作り出す、相互に作用しあう部分または個体の集合を指すことばである。これまでに研究されてきたシステムは多種にわたり、システムの考察がおこなわれた分野はじつに多様である。一九五〇年代の一般システム理論、サイバネティクス、人工知能研究。一九六〇年代の動的システム理論。一九七〇年代のカオス理論。一九八〇年代、複雑性研究はついに一個の独立した分野としてみとめられたが、それを象徴するもっとも注目すべき出来事が、複雑性研究を専門とする最初の学術組織であるサンタフェ研究所の設立である。

システム研究が登場する前、ほぼすべての科学は、大きなものを分解してその構成要素を取り出すという**還元的**アプローチによって実践されていた。注意深く部品を取り外してひとつずつ調べることで時計というものを理解できるように、部分を理解すれば全体を理解できるというのが長年にわたる基本原理だった。分析と称して機械をばらばらにするのと同じ手つきで宇宙をとりあつかうこの科学的アプローチが途方もない成功を収めてきたことは、現代生活の隅々に浸透している各種テクノロジーを見ればすぐにわかる。

一般システム理論がはじめて堂々とこれとは逆向きの問い――部分はどのようにして相互に結合し、自己を組み立て、**自己組織化**し、全体となるのか？――を立てたとき、かつてない深みを目指す探究を可能にする科学革命がその緒《ちょ》についたのだった。システムの概念は、素粒子の極小世界から、銀河系やそのはるか向こうの極大世界まで、あらゆるスケールにわたる存在の構造を理解するのに幅広く応用できるだろう。

＊　＊　＊

複雑性への旅のはじめに、まずシステムの三つの基本クラスを考察しておかなければならない。最初のクラスは、全体が正確に予測どおりに部分の総和となるシステムからなるものである。水はそのわかりやすい例だ。

氷のような、水の固体状態では、水の分子が秩序正しく固体化しているため、それぞれの分子とその隣り合う分子との関係は、単純な幾何学を用いて容易に定義できる。しかし、コップのなかの水となると事情は少し複雑になる。分子のはずみ方は奔放で、完全にランダムだから、液体中のどのひとつといえども、分子の位置を正確に予測することはできないが、それでも、統計的手法を用いれば分子の集合的行動を記述し、水が全体としてどのようにふるまうかを予測することができる。蒸気分子の場合は、どのひとつを取っても、それがまわりのほかの分子と衝突してはずむときのエネルギーや向きはわからないものの、特定の温度に対応するすべての分子の運動エネルギーの平均値を取り出すことならできる。

流体運動の側面については、事情は単純だ。小川の流れは、その流れがそそぐ河の流れよりも速い。液体の流れる速度とその水路の幅との関係は、流体物理学の単純明快な方程式で記述できる。

しかし、乱流は単純な説明には不向きである。

これはシステムの二番目のクラスへとわれわれを導くもので、**カオス理論**によって説明できる。カオス系では、全体は部分の総和に等しくはなく、部分の総和よりも大きい。ひとつ波の場合を考えてみよう。海辺で波が砂浜に打ち寄せるのを見ているとしよう。ひとつひとつの波はすべて波として容易に認識できるが、それはただ、さっきの波と似ているというだけのことで、実際にはまったく同じものはひとつもない。静止した水や氷のかたまりを単純な方程式で表現するような種類の精確な物理学では、絶え間なく変化しつづける波の動きをとらえることはできない。

渦巻きも同じだ。それは風呂の水を抜いたり、トイレの水を流したりするとき誰もが目にする運動である。しかし、単純な物理学や数学は、その構造を描き出すのにも、あるいはより広い水域を考えた場合、あるところで生じた渦がすぐに消え、また別の渦がどこか別のところに生じる理由を説明するのにも、不十分である。このような乱流の理解や説明には、新しい数学が必要になる。それがカオス理論である。

フラクタル　カオスの数学

一九七五年、フラクタルの性質を特定し体系化することで、より精緻な種類の秩序に関して、われわれの理解がおよぶ領域を大きく拡げ、それによってカオス理論への扉を開いたのがブノワ・マンデルブロである。[1] **フラクタル**とは、河川、血管、樹木などに共通する枝分かれのかたちのような、自然界の至るところに見られる幾何学的形態のことだ。フラクタル形状はこのほか、積雲やロマネスコのようなモコモコしたかたちや、稲妻のギザギ

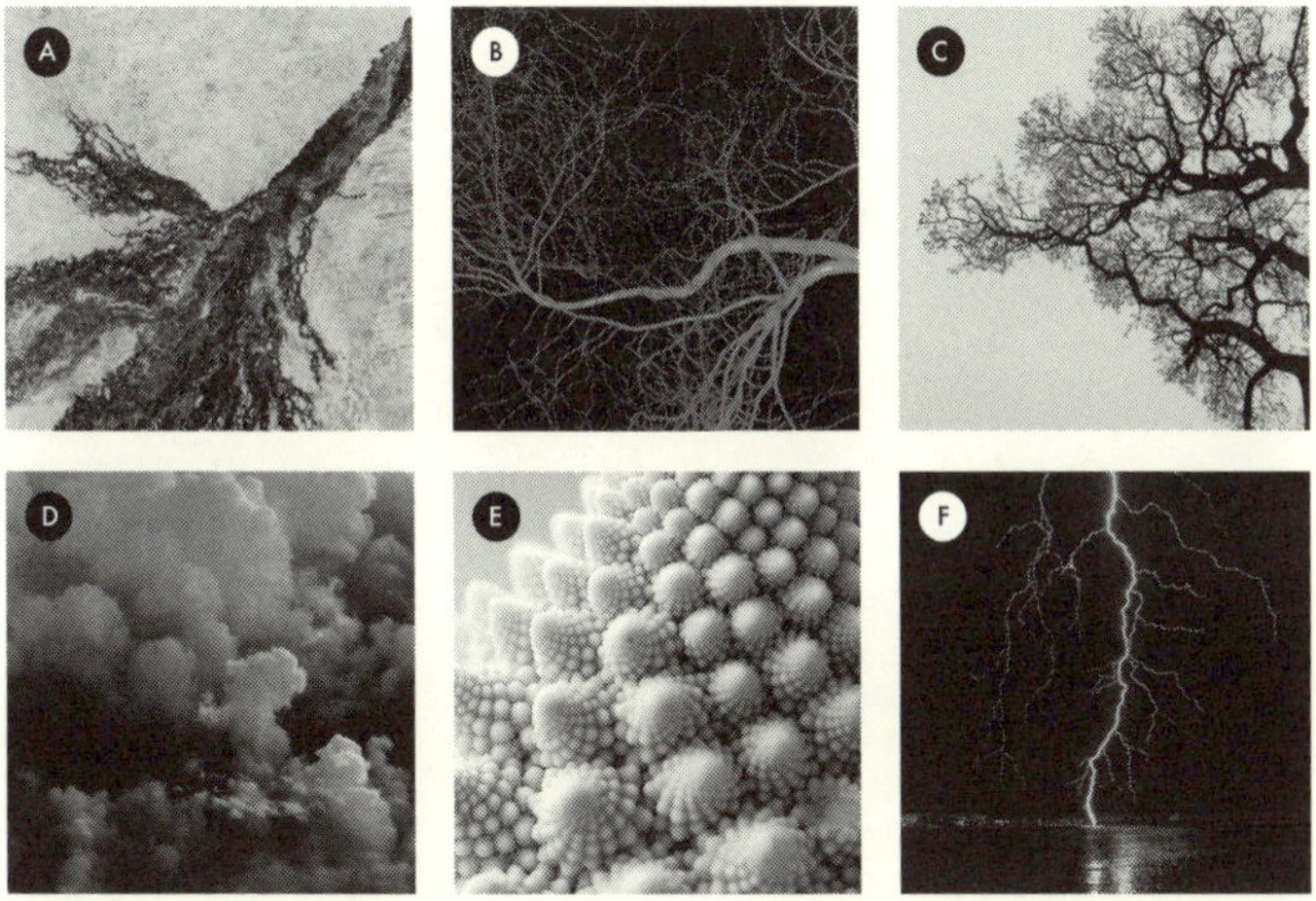

自然界に見られるフラクタル形状の例。上段の、河川の分岐（A）、血管（B）、樹木（C）はどれも互いに類似したかたちの、スケールを超えた自己相似形である。拡大しても縮小しても、分岐パターンはどれもつねに相似形である。ふくらんだ雲の形（D）、円錐螺旋状のロマネスコ（E）、ギザギザに走る稲妻（F）など、ほかのフラクタル形状もみなスケールを超えた自己相似性を示している。

ザに走るようなかたちにもみとめられる。

　これら自然界に見られるフラクタルの例では、パターンが再現される最小スケールには限界がある。動脈は毛細血管になるまで枝分かれをくりかえすと、もうそれ以上微細にはならない。樹木の枝は葉で終わる（ただし、葉脈のパターンはこれとはまた別のフラクタルである）。しかしながら、数学的には、古典的「マンデルブロ集合」によって実証されているとおり、フラクタルの自己相似性はスケールを超えて無限である。

　マンデルブロの精緻な幾何学はもはや水、氷、蒸気のふるまいを記述する

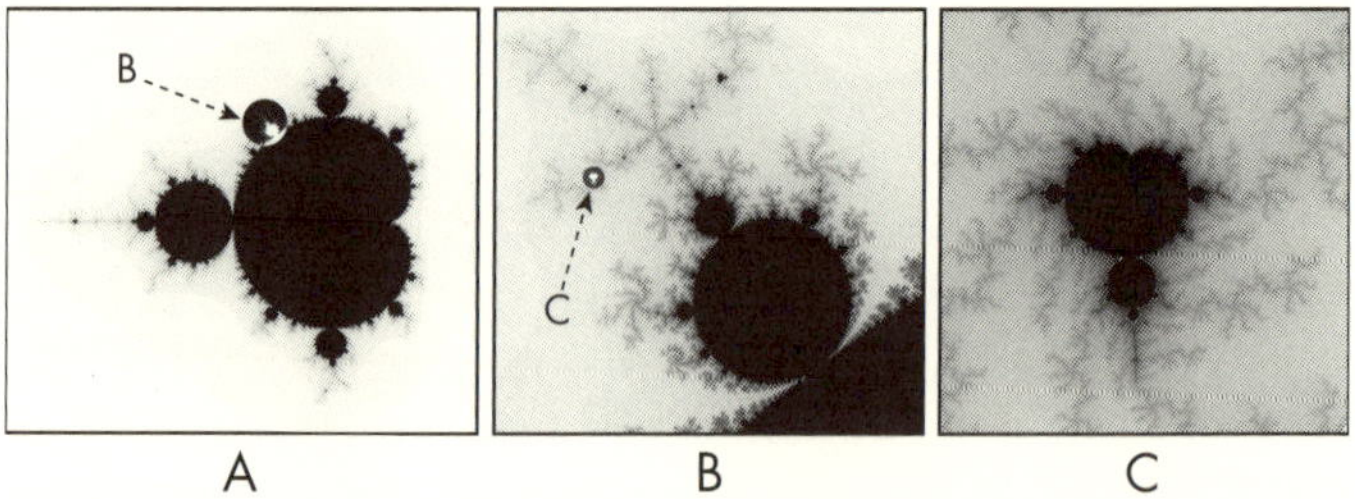

この古典的マンデルブロ集合のフラクタルの例では、実際に自己相似性がスケールを超えてどのように表れるかが示されている。図Aの部分Bを拡大すると、図Bのような形態が、さらに多くの同じ形態のフラクタルによって構成されていることがわかる。同様に、図Bの部分Cを拡大すると、図Cのような形態がさらに多くのフラクタルによって構成されていることがわかる。純粋に数学的な領域では、フラクタルの細部は無限小のスケールまで際限なく表れつづける。

数学のような単純な方程式では処理しきれない。水や氷や蒸気の場合は、方程式の変数に値を代入することで、幾何学的、代数的、統計的な解をえることができる。これとは対照的に、カオス系は、ただ時間の経過においてだけ姿を見せる**プロセス**である。それらは単純な公式で要約することはできないが、数分、数時間、あるいは数日にわたって実行されるコンピュータ・プログラム、**モデル**を用いれば、その姿をとらえることができる。コンピュータが発明されなければ、気候、渦巻き、惑星軌道のようなものを読み解くカオス系の理論など想像さえできなかった。

このようにフラクタル数学やカオス系の研究が展開したにもかかわらず、モデル化はもちろん、説明さえつかないシステムがまだ残されていた。生物である。フラクタル、すなわちカオスの実例は、枝分かれした血管の形態、肺の気道、心拍の電気信号パターンなど、生物学的システムの諸相にみとめられはするが、それは全体としての生物を記述するのには十分でなかった。生命そのものを記述するためには、システムの三番目のクラスに歩を進め、複雑性理論を手に入れなければならない。

ライフゲーム

一九七〇年代はじめのある冬の夜、クリストファー・ラングトンは、マサチューセッツ総合病院のコンピュータラボにひとり坐っていた。典型的な若いヒッピーで、独学のコンピュータプログラマーである彼は時の経つのを忘れて徹夜でコードを修正していた。病院六階の心理療法科フロアで、使われていないコンピュータの部品、真空管、ケーブル、古い脳波測定器、オシロスコープなどが山と積まれたラックに囲まれて仕事をしているさなか、不意に首すじの毛が逆立つのを感じた。「部屋のなかに誰かいるのがわかった」と彼はのちに回想している。[2] 同僚のプログラマーがラボにやってきたのだと思い、肩越しに振り返った。誰もいなかった。

あたりを見わたしたとき、一台のコンピュータの画面上に何かが動くのを目の端にとらえた。それはライフゲームとして知られる初期のコンピュータ・シミュレーション――いわゆるビデオゲーム――だった。緑色に発光するたくさんの矩形《くけい》が画面上で点滅し、踊り、動きまわり、かたちを変えていた。

その瞬間、ラングトンは、「さっき感じた存在は、このライフゲームだったのだ。画面上に何かが**生きている**」と気づいた。[3]

ジョン・コンウェイのライフゲームがはじめて「サイエンティフィック・アメリカン」誌の連載コラム「数学ゲーム」で紹介されたのは、一九七〇年一〇月のことだ[4]（一一歳のとき、ウェストハートフォード公共図書館でこの号の記事を読んだのを覚えている。あのとき、わたしはまだ小学生だった）。

イギリスの数学者コンウェイが考案したライフゲームは、二次元の開かれた方眼グリッド上で展開され、ある方眼が「生きている」（オン・黒）か「死んでいる」（オフ・白）かは周囲の生きている方眼と死んでいる方眼の数によって決まる、というものだ。

サイエンスライターのM・ミッチェル・ワールドロップはその著書『複雑系』のなかに、ラングトンのことばとして、彼がラボで首すじの毛の逆立つのを感じたあの夜のことを書きとめている。「真夜中、室内にひしめく機械が低くうなる音を聞きながら、窓の外を眺めていました……チャールズ川の向こうに科学博物館やケンブリッジのあたりを走る車を見ていたのです。わたしは活動パターンというものについて、そこで起きているあらゆることについて、思いをめぐらしていました。街はそのときそこにあり、ただ**生きてい**

ました。それはライフゲームと同じ種類のものに見えました。なるほどそれははるかに複雑なものにちがいありません。しかし、必ずしも別種のものとは言いきれなかったのです」[5]。

それは「雷雨か竜巻か、いきなり押し寄せてきて風景をすっかり変えてしまう高波のような」直観だった[6]。彼は、その夜の「匂い」をかぎわけることでそれを察知できるようになったという。「あの匂いにしっかりと結びついた何かが、あの活動パターンを思い出させてくれるのです。それからというもの、その匂いを追い求めることが自分の仕事になりました」[7]。彼を複雑性理論へと導いたのは、その匂いだった。

ラングトンはボストンのいくつかの大学であまり関連のないさまざまな講座を聴講しながら、街なかのいくつもの図書館や書店の本棚からかき集めたありとあらゆる書物の助けを借りて試行錯誤をくりかえしたのち、プエルトリコの研究所で一年間、霊長類の行動を研究した。そして一九七六年には、ハンググライダーの事故で体と顔の骨三五本を骨折し、その怪我もまだ癒えないころ、ソノラ砂漠にあるアリゾナ大学の世界的に知られた天文学・宇宙論センターにたどり着いた。

彼は、自分にとってもっとも切実な問題が「アイディアの歴史」と「情報の進化」――機械的にコード化された情報や宇宙の物理的過程でコード化された情報、あるいは個人や

A

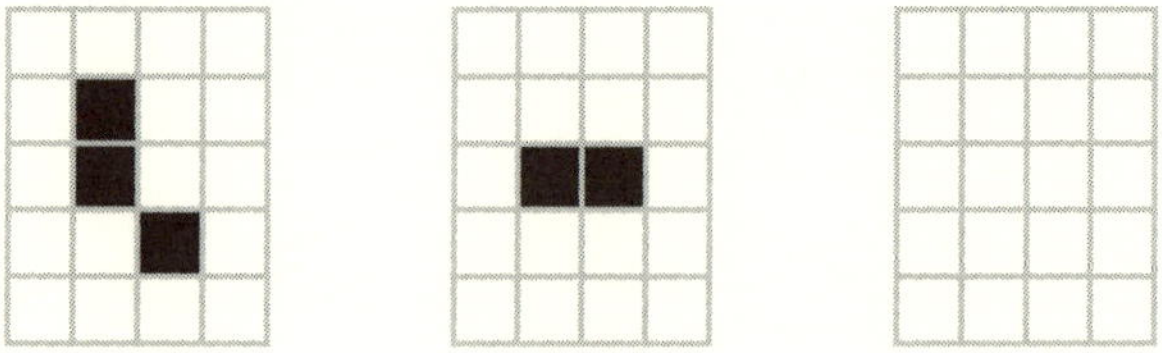

B

C

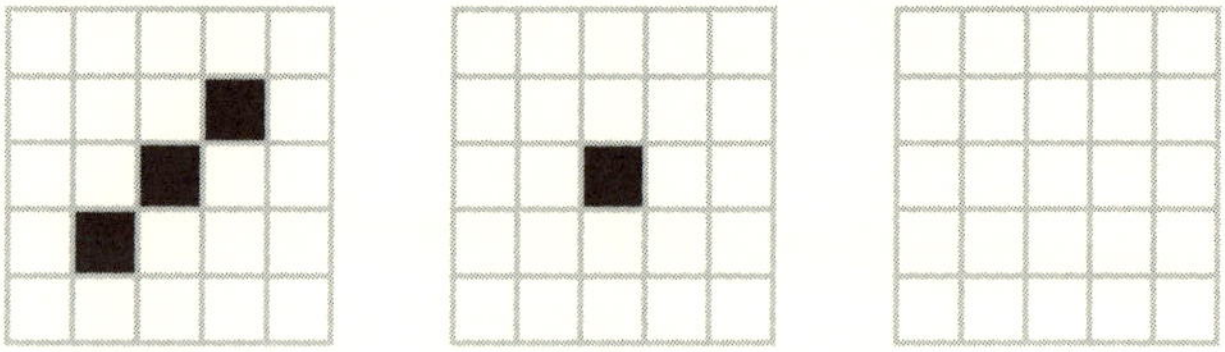

D

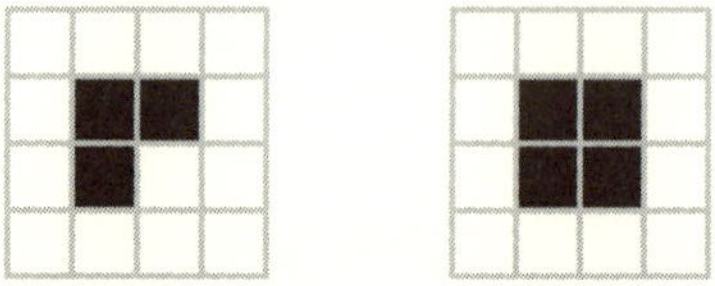

E

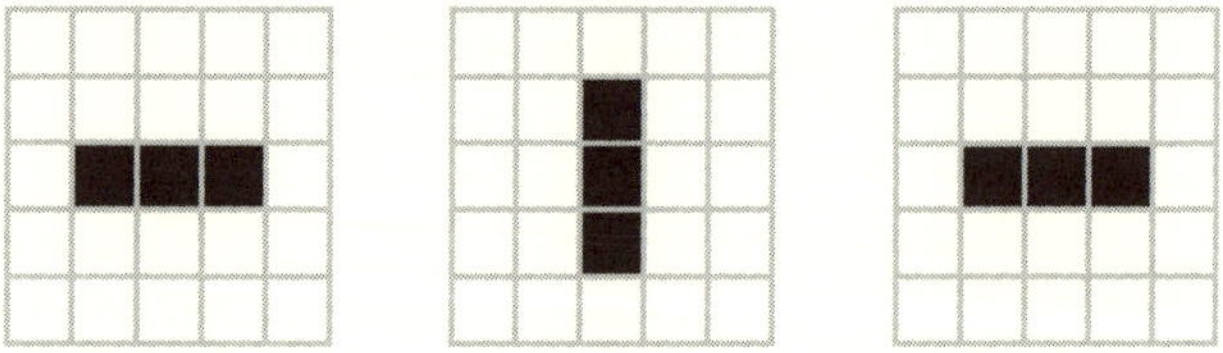

1970年、「サイエンティフィック・アメリカン」誌の連載コラムでマーティン・ガードナーがはじめて紹介したコンウェイのライフゲームの遷移例。プレーヤーは3つの「生きている」（黒）セルからゲームを開始する。それぞれのセルを取り囲む生きているセルと「死んでいる」（白）セルの数によって、次世代の展開が決まる。コンウェイは、次の展開での各セルの運命を決めるために4つのルールを設定した。（1）2個または3個の生きているセルに隣接する生きているセルは次世代でも生き残る。（2）4個以上の生きているセルに隣接する生きているセルは（過密のため）死ぬ。（3）隣接する生きているセルが1個しかない、またはひとつもない生きているセルは（孤立のため）死ぬ。（4）3個の隣接するセルが生きている場合だけ、死んでいるセルは次世代で生き返る。ゲームの終わり方には何通りかある。すべてのセルが死ぬ（A－C）。変化しなくなる（D）。ある変化のパターンを永久に反復する（E）。反復パターンのなかには永遠に持続し、変化し、成長するものがあり、その多くは、上の図のように有機的な外見の構造を持ち、「芯伸ばし（ウィックストレッチャー）」と呼ばれる。このパターンが現れると、世代を経るにつれ、徐々に茎状の構造が花を開くように上方向に伸びていく。

I

複雑性

社会のレベルで人びとが交換する情報――であることを理解しはじめた。鍵となるのは情報だという確信がえられたのは「あの匂いがした」からだった。[8]

やがて彼は形式論理学や物理学の側面から情報の性質を何十年にもわたって探求してきたすぐれた知性――ゲーム理論の祖ジョン・フォン・ノイマンや現代コンピュータ科学の祖アラン・チューリングのような著名な思想家たち――が残した著作がすでに多数あることを知った。

一九八二年、彼はミシガン大学大学院コンピュータ・コミュニケーション科学科に入学した。それまで集めてきた知識の糸をすべて撚《よ》り合わせ――あの匂いを手がかりにして幾度も寄り道や行先変更をくりかえしたはてに、ようやくライフゲームのもとに帰ってきたのだ。はじめて首すじの毛の逆立つのを感じたあの夜から、もう一〇年以上が過ぎていた。このときには、それが「人工生命」と呼ばれるべきものであることを彼はよく理解していた。[9]

カオスの縁の生命

その数年後、当時ニュージャージーのプリンストン高等研究所にいた物理学者・コンピュータ科学者スティーヴン・ウルフラムもライフゲームの研究に取り組んでいた。彼は、科学的で精緻なアプローチでゲームの展開する過程を明らかにし、永続する場合を、その特徴から四つのクラスに分類した。[10] そのうち、二つのクラスは、それ以降はもう動かなくなる（二八頁の図D）か、点滅をくりかえす（二八頁の図E）かで、どちらも動きは一定している。三番目のクラスは、フラクタル数学を反映した、じつにカオス的な様相を呈するもの（時間が経過するにつれ、渦巻きのような一定の動きを示しながら、形状を変化させるというもので、動画でしか視覚化できないため、図示できない）。四番目の――ラングトンと草創期のカオス理論家ノーマン・パッカードによっても個別に報告された――クラスは、動きの一定しない予測不可能なものだった。

ただ、ウルフラムのアプローチと、ラングトンとパッカードのアプローチには決定的に異なるところがあった。それは前者が水のそれぞれの形態――液体、固体、気体――の差異に関する研究であるとするなら、後者は水の形態が変化するとき何が起きるかに関する研究であるということだ。水が沸騰し、ふつふつと煮え立ち、蒸気になる過程。冬の日差しの下、氷が昇華し、気化する過程。肌寒い朝の散歩中、霧が凝縮し、衣服に染み透《とお》る過程。これらの変化は**相転移**と呼ばれ、もちろん、水に関してはよく知られている。

しかし、ライフゲームで起きる相転移は、新たな事実を明らかにしていた。ラングトンとパッカードは、このウルフラムの言う予測不可能な四番目のクラスのパターンが、安定秩序とカオスとの境目で生じることを発見した。それは開かれていて、展開しつづけ、自立しており、その生物を思わせる形態の変化や動きを予測するのは不可能だった。この四番目のクラスこそ、やがて一般に**複雑性**として知られることになる事象の最初期の実例だった。

用語としての**複雑性**はもともと、とくにこのような、ライフゲームなどのモデルでみとめられた新しいクラスの秩序を意味していた。かつて「カオス」が渦巻きや気候などそれまで記述できなかったものを記述可能にしたように、いまや「複雑性」が、生命を記述しようとしていた。

このモデルは生物をまねるような行動を示すだけでなく、単細胞生物や多細胞生物であれ、アリのコロニーや現実の都市や地球の生態系のような大規模な集合体であれ、さまざまな実在の生物系を記述することができた。[*]

サイエンスライターのロジャー・レウィンはそれを、複雑性——情報のあふれる、生きているかのようなシステム——は、この相転移という「カオスと安定が逆向きに引き合う」場所に噴出する、ということばで表現している。[11] ラングトンは一九八六年の論文でこの相転移のことを「カオス行動のはじまり」と呼んだ。[12] パッカードは一九八八年の論文でこの領域に「カオスの縁」という、きわめて的を射た、示唆に富む名前を与えている。[13]

単純な線で表現するのに適した液状水と氷と蒸気とのあいだの相転移とは異なり、カオスの縁の境界はフラクタルである。マンデルブロ集合のフラクタルのような無限の縁飾り状に見える境界を想像してほしい。

複雑性の生物学への応用についてはすぐにしっかりと研究が進められた。パッカードにとって生物学的複雑性とは、有機体が世界から情報を取り、それを処理し、行動反応を示す過程の反映だった。このような計算能力が、生物系の決定的な特徴であることは、それが環境中の栄養素と毒素を識別し、それに反応するだけの細菌のようなごく単純な単細胞生物のコロニーであろうと、四季を通じて日光や水や大地の栄養素を摂取し、さまざまな――化学的な、感染性の、昆虫の――脅威、さらには人間の脅威にさえ対抗する森林の樹木や菌類のような有機体の、規模の大きい複雑な網状組織《ウェブ》であろうと、基本的に変わりはない。

環境の変化に反応して適応がおこなわれると、進化は計算的な複雑性の増大を加速させる。「直観的には、生き延びるというタスクのために計算が必要になるのは合理的なことだといえる」とパッカードはレウィンに言っている。「それが事実なら、有機体のあいだ

＊このようすを静止画で本書に再現するのは難しいが、インターネットで入手可能なライフゲームアプリを利用することで、時間が経過するにつれてこのようなパターンが展開するのを実際に見ることができる。

でおこなわれる選択は、計算能力の向上につながるだろう」[14]と。そのため、生物学的システムはカオスの縁に向かって進んでいくように見える。パッカードは研究をさらに進め、カオスの縁へと向かうこのような適応が、システム内の相互作用を支配するさまざまな規則の結果として自然に起きるということを証明した。彼の研究の大きな意義は、進化が複雑性を生み出すということを明らかにしたことにある。

博識な医師で理論生物学者のスチュアート・カウフマンは、このような複雑性の生物学的意味をさらに深く探究した。一九九三年、彼はその著書『秩序の起源』のなかで、複雑性はダーウィンの自然選択説と同じくらい生物系の進化に影響力を持っていると述べている[15]。カウフマンは、**ブーリアンネットワーク**と呼ばれるさまざまな数学概念を使用して、**細胞分化**の過程（さまざまな種類の細胞が相互に関係しながらどのように発生するか）をひとつの複雑系としてモデル化してもいる[16]。彼は特定の種類の分子、いわゆる**自己触媒セット**がどのようにして相互作用し、地球の若い海洋の生化学的スープから生命を作り出すことができたかを説明する際にも、複雑性理論によるアプローチを用いている[17]。ラングトンとパッカードの発見が複雑性理論を全方位に向けて送り出したのだとしたら、カウフマンはおそらくほかのどの複雑性理論研究者よりもすぐれた想像力と目的意識をもって、現実界の生命の驚異と神秘を複雑性によってどこまで説明できるかを、その研究で具体的に示したといえるだろう。

創発と予測不可能性

コンピュータや数学をめぐるこんな話ばかりでは、さすがに気が滅入るかもしれない。ただ、このことは複雑性理論の真実を説明する方法のひとつにすぎないのだが、相対性理論や量子力学などの既存の理論とこの新しい理論との鍵となるちがいを明確に示してもいる。すでに見たように、カオスも複雑性も、物理学の先行する研究領域とは異なり、一連の予測方程式には集約されない。いずれもコンピュータモデリングによってのみ探求することができ、時間の経過とともに展開し、そこにはシステムを構成する部分の総和を超える全体としての新しい特性が生じるようすがみとめられる。多くの場合、まるで魔法のように不意に現れるこれらの特性は、さきにも述べたとおり、「創発」と呼ばれる。

カオス系の創発と複雑系のそれとのちがいは、その予測可能性にある。カオス系の場合、同じ開始条件はつねに同じ創発特性を作り出すということが、コンピュータモデルによって裏づけられている。全体は**予想どおり**部分の総和を超える。このことが示しているのは、変化の連鎖によってブラジルでの一頭の蝶の羽ばたきがテキサスで竜巻を引き起こすという、あの「バタフライ効果」として知られる事象である。これがモデル化されるとしたら、蝶が正確に同じ仕方で羽ばたけば、正確に同じ竜巻が発生することになる。しかしながら、開始条件をほんのわずか変えるだけで——蝶がたまたま花に止まったり、それから左の花ではなく右の花のほうへ飛んだりしただけで——それはテキサスの竜巻のかわりに、台北の台風とか、アンダマンの静かな海とか、異なる事態を作り出すことになるだろう。

しかし、複雑性においては、創発が起きることは予測できるが、たとえまったく同じ条件からはじめるとしても、その精確な性質を予測することはできない。複雑性では、全体は**予期しない仕方で**部分の総和を超える。この世界のように。われわれの人生のように。

第3章

複雑性の規則と隣接可能性

ある春の朝、家を出て病院へ向かうわたしを、土や水や光や空気から、幹や枝葉を紡ぎ出す木々が出迎えてくれる。ラッパズイセンやレンギョウの黄色い花が咲き乱れている。アパートメントのまえの芝生ではコマドリが首を傾げ、彼らのいる地面の下を行き来するミミズたちの気配に聞き耳を立てている。わたしは歩道まで来て、思い思いの目的地をめざすニューヨークの住民たちの動線に身をまかせる。どういうわけか、彼らはごく自然に流れに乗って、無意識のうちに肩の位置や足取りをわずかに調整しながら、お互いの妨げとなることなく歩を進めていく。

じつに身のまわりの至るところで、部分が自発的に自己を組み立て、活動的で適応的な創発形態やプロセスを形成するのが見られる。われわれはそれを見るだけでなく、その一部でもある。ただ、自分の体越しに事物を見るという日々の習慣から、自分が観察対象から切り離された観察者であるという感覚を与えられているだけなのだ。ほんとうはわれわれはこの世界をめぐり歩いているのではなく、この世界に織り込まれている。だから、どこを見ようと複雑性が見つかるし、何をしても複雑性に関与することになるといえるだろう。

現在、複雑性理論の研究を専門におこなう研究所が世界にはいくつかあり、このことは広範な領域にその影響が拡大していることの証左である。複雑性の研究者たちはいったい何を研究しているのだろう？　生物学とテクノロジー。生態学と気候学。都市生活と農耕生活。経営と経済。人類学と宗教と進化。時間。歴史。未来。

結果として、研究者たちが見出したいくつかの基本規則を通して複雑性を探究することが可能になった。これらの規則は、どのような特性が複雑性を発生させ、創発を準備するのか、それが現れたときにはどのように見えるのか、それがうまく働かないときにはどのように考えるべきかを理解するのに有効である。これらの規則を説明するのに、わたしはアリの例を挙げようと思う。アリならどこにでもいるし、アリについてなら誰でも多少は知っているからだ。アリについて当てはまることは、事実上、あらゆる複雑系に当てはまる。

規則（一）　数が重要である

複雑系が形成されるためには、十分な数の相互作用する部分がなければならない。標準的な通信販売のアリの巣キットには二五匹ほどのアリが入っていて、どのアリもみなトンネルを掘ったり、食物補給路を作ったり、死んだ仲間のために墓地を作ったりと仕事に精を出す。これらの行動は創発現象の具体例である。ただし、アリの数を少しだけにすると、自己組織化は見られなくなり、創発特性は失われる。食物補給路はなくなり、力を合わせたトンネル作りもおこなわれず、死んだアリは放置される。反対にシステム内の個体数が増えれば、複雑性のレベルは上がる。二〇〇匹のアリのコロニーより、二〇〇〇匹のアリのコロニーのほうがずっと複雑だし、二万匹のアリのコロニーとなれば、それよりはるかに複雑だ。村と町ではようすがちがうし、町と大都市では大きくちがう。

規則（二）　相互作用はローカルである。グローバルではない

アリのコロニーで創発現象が起きるのは、コロニーにアリのリーダーがいて計画を立てているからではない。創発はトップダウンで計画されているように見えることが多いが、

実はそうではない。単純なアリの列がその好例である。アリは食物を見つけるとそれがどこであろうとコロニーに持ち帰る。アリが行き来するふるまいはきわめて効率がよく、秩序正しく、どこかにすべてをお膳立てしているアリがいるにちがいないと思えるほどだ。しかし、そんなアリはいない。女王アリは管理機能を担っていない。彼女はコロニー全体の状況を監視しているのではない。生殖機能を果たすだけだ。頂点に立つ一匹あるいはグループのアリがいて食物補給路やそのほかコロニーのさまざまな活動を計画しているわけではない。その組織は、個々のアリと彼らが遭遇するほかのアリとのローカルな相互作用だけで成立している。

　アリたちは**フェロモン**と呼ばれる多様な匂いの信号を作り出し、それによってさまざまな状況で意思疎通を図る。アリたちは、自分のフェロモンや他者が残したフェロモンを検知すると、特有の反応を示す。たとえば歩いているとき、自分の匂いの痕跡を残している――だから、仮に体の向きを変えるようなことがあったとしても、その痕跡をたどればコロニーに帰ることができる。

歩きまわるうちに食物を見つけたアリは、そのかけらを持って向きを変え、自分の匂いをたどって帰る。

アリは食物を持ち上げると、歩くときとは異なる匂いを残す。それはほかのアリたちに食物が見つかったことを知らせる匂いだ。匂いは時間の経過とともに弱くなるから、匂いの相対的な濃さによって方向がわかる。匂いが濃くなればそれは最初に食物を見つけたアリがコロニーへ帰っていった方向を示し、薄くなればそれは食物に近づく方向を示している。

フェロモンの痕跡に遭遇したアリは、その特定の匂いを検知するとそれを「食物に向かって歩きつづけよ」という指令として理解する。

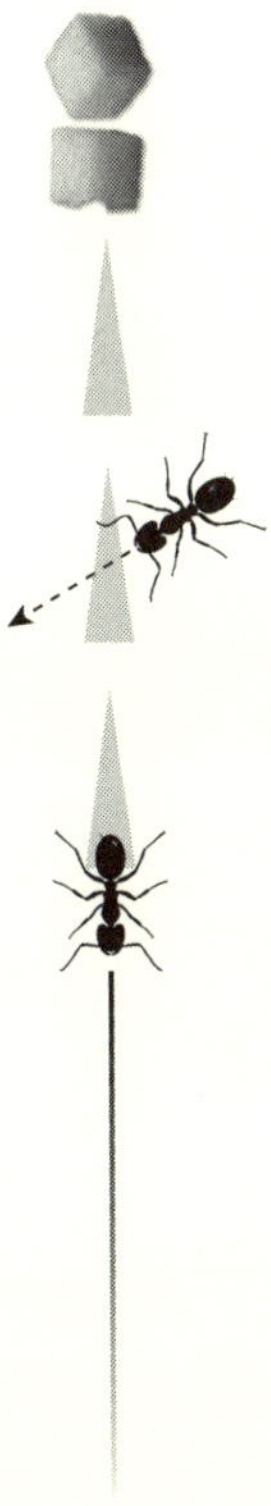

アリはそうすることによってまちがいなく食物にたどり着く。

多くのアリたちがその途上で鉢合わせし、食物を見つけ、来た道を引き返すようになり、その数が増えるにつれ、経路はいっそうくっきりとしたかたちをとるようになる。

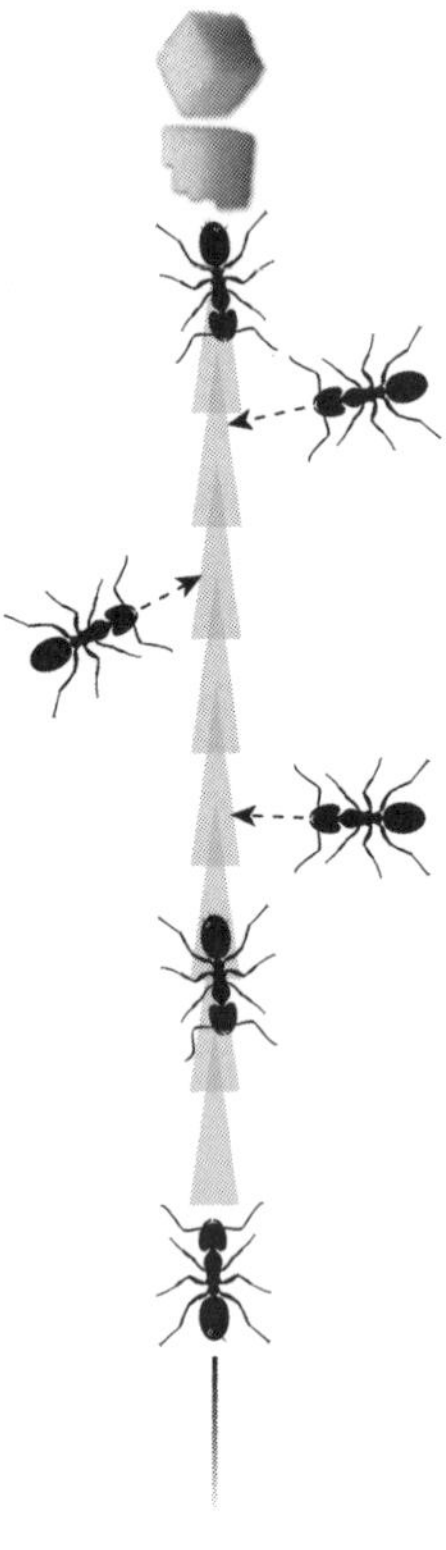

コロニーは今、食物を必要としているのか、それをコロニーに持ち帰るのに何匹のアリが必要か、この仕事に必要な数のアリをどうやって集めるか、そういう問題に頭を悩ませ

るアリが一匹もいなくても、このようにして食物補給路は形成される。複雑な行動がローカルな相互作用から発生する。砂糖がなくなるまで次から次へとアリがやってきてこのルーティンを繰り返し、やがて食物を運ぶアリがいなくなると、その道の痕跡はもうそれ以上、濃くなることはなく、次第にかすかになり、消えてしまう。

人間のシステムにおいては、かなりのひとが実際に、グローバルな監視をおこなっているある種の人びとが存在すると考えているようだ。たとえば、どこかに自分がトップダウンでシステムを導いていると信じて疑わない独裁者がいるかもしれないが、実はそれはまちがいである。彼は高次のレベルで細部をしっかりと把握しているかもしれないが、それはけしてほんとうの意味でグローバルなのではない。アリたちに利用できるものと比べれば、ずっと広範にわたって収集したデータやずっと複雑な情報に依拠しているとはいえ、結局のところ、それもまた「ローカルな」監視の一種にすぎない。彼は相互作用の網状組織《ウェブ》を、上方から鳥瞰《ちょうかん》していると考えているかもしれないが、それでもなお、否応なく網状組織《ウェブ》のなかにいて、あらゆるひと、あらゆるものと密接に関係している。やがて彼が反体制派のあいだで交わされる密談の内容を知らないうちに、創発現象として密かに兆した革命は、蜂起へと発展し、トップダウン体制を目論んでいた政権を転覆させることになるだろう。システム全体を細部まで監視しているという独裁者の確信は幻想だったということが、このようにして明らかになる。

同じように、身体全体を監視してあなたが眠いのか、空腹なのか、発情しているのかを検知する細胞も存在しない。そのためのグローバルな感覚器官も存在しない。もちろん、脳のことを思い浮かべるひとはいるだろう。しかし、脳が身体全体を感知するシステムの最上位にあるというのは社会的本能による思い込みにすぎない。それは独裁者が自分では支配下のソーシャル・ネットワークの隅々にまで目を光らせていると信じているのと同じようなもので、実際には脳は**すべて**を監視しているわけではない。脳は神経を走る信号によって通信することで身体と接触し、情報を受けとるが、その一方で、身体のほかの部分が脳の働きを調節していることも明らかになっている。ストレスホルモンである**コルチゾール**を生成する副腎はその例である。コルチゾールは一日二四時間、一定のリズムで増減をくりかえすが、容赦ない困難に対して身体が厳戒態勢を取りつづけなければならない場合、リズムが変化することがある。しかし、そのリズムが乱れると、鬱状態になったり、精神病を患ったりすることもある。そのほか、消化管の内壁を覆い、脳に影響を与え、気分や空腹感、行動などを変化させる細菌もいる。脳は網状組織《ウェブ》のなかにあり、ほかに影響をおよぼしつつ、ほかから影響を受けてもいる。それは単に頭蓋のなかの玉座から身体のほかの部分を見下ろしているというわけではない。

では、何が何を管理しているのだろうか？　実のところ、管理するものもされるものもいないのだ。あらゆる相互作用はローカルにおこなわれる。複雑系の要素はすべてローカルな接続によって構成されるネットワークを通じてほかの要素と作用しあう。要素には影響力の大きいものもあれば小さなものもあるが、ほんとうの意味で網状組織《ウェブ》を超越し、その上方に位置するようなものは存在しない。外部から絶対的な意図をもって介入し、完全な制御を試みるようなものは存在しない。

規則（三）　負のフィードバックループが優先される

これらローカルな相互作用を観察することで、複雑系が何かに適応するしくみをもう少し詳しく見ていこう。**フィードバックループ**とは、自分自身に「フィードバック」する相互作用ネットワークのことである。フィードバックループを理解するには、エアコンのことを考えればよい。エアコンは温度を検知し、部屋が暑くなりすぎると作動し、元どおりに部屋が涼しくなると停止する。装置が室温を決められた範囲に保つわけだが、これを負のフィードバックループという。これに対して、たとえば、室温の上昇が引き金となって、ヒーターが作動する場合に生じるのが**正のフィードバックループ**で、この場合、部屋はさらに暑くなる。*

複雑系では負のフィードバックループが優先され、システムの状態は振動する健全な**恒常性**の範囲に保たれる。恒常性において、システムは外界にあって変化する世界に適応する能力を維持し、システムに属するあるメンバーがその他のメンバーよりも優勢になることを阻止する。

アリが食物補給路を構築しているところを思い出してほしい。一匹のアリが、食物にたどり着く方向とコロニーに帰り着く方向を示す経路をフェロモンによって記す。別のアリがその痕跡に出合い、正しく反応し、またフェロモンの軌跡を残す。これでフェロモンの匂いは二つになり、匂いが濃くなったことで、ほかのアリがフェロモンに気づいて仲間に加わる可能性も二倍になる。こうしてフェロモンの経路が濃くなればなるほど、仲間に加わるアリが増え、アリが増えれば増えるほど、経路はますます濃くなる。つまり、正のフィードバックが食物補給路を作り出す。

しかし、すべてのアリがひとつの仕事に集中すると、コロニーのほかの保守作業が滞ってしまう。負のフィードバックが真価を発揮するのはこのときである。匂いの跡は残された瞬間には、もう消えはじめている。さきに見たとおり、これによって匂いの跡は方向を示すことができるわけだが、それはまた負のフィードバックでもある。匂いの跡はいつまでもつづくわけではないのだ。この負のフィードバックによって、コロニーが非効率的に、ひとつの巨大な食物補給路になってしまうのを防ぐことができる。

すべての生物系は恒常的であるが、けして静止することはない。さきにカオス系で見た波の動きと同じように、複雑系においては絶えず変化が生じつづけ、健全に生命を維持できる範囲で振動がくりかえされる。生命は絶え間ない運動である。安定性は硬直にではなく、均衡にこそ見出される。

正のフィードバックループが、均衡をとろうとする負のフィードバックループを凌駕《りょうが》すると、自立した恒常性の平衡は失われる。エネルギー消費行動が優位になり、最後はシステムがクラッシュし、燃えつきる。バブル経済や癌の場合を考えてみよう。いずれも恒常的に活動している既存のシステム――正しく機能している経済、相互作用する細胞からなる健康な身体――から生じるが、それぞれ固有の理由のために負のフィードバックが減少し、正のフィードバックが優位になり、やがて爆発的な増大現象が生じ、完全な崩壊に至る。経済の場合、不況や恐慌が、末期癌の場合は死がそれにあたる。

大恐慌後のアメリカ経済に、その古典的な実例を見ることができる。一九二九年の株式市場の崩壊後、当時の経済学者や議員たちは、災厄を引き起こしたバブルの暴走のような

＊フィードバックループを限定する用語「負の」と「正の」は、それぞれ「悪い」と「よい」を意味するものではない。

事態を阻止するためには規制が必要だと考えた。その結果、生まれた法律がアメリカの経済システムの改革を担ったグラス・スティーガル法であり、これによって投資銀行業務と小売銀行業務とを分離すること、銀行の自己借入を禁止すること、市中銀行の業務を規制する権限を連邦準備銀行に与えることなどが定められた。これらの規制は、経済を適応的な恒常性の範囲に保つことを目的として法制化された負のフィードバックループ以外の何ものでもない。

この改革は機能した。しかし、一九八〇年代はじめごろ、さらに二〇〇〇年代に入るころ、この法律は二大政党のどちらからも絶えず侵食され、その結果、複雑性の観点からすれば驚くべきことではないが、それ以降、二〇〇八年の金融危機までのあいだには、バブル景気に起因する経済破綻がいっそう頻発するようになる。つまり、負のフィードバックループが侵食を受けたことによって、さまざまな市場で正のフィードバック（シリコンバレーのハイテク株やサブプライム住宅ローン）が歯止めの利かない投機を促し、崩壊必至の爆発的・消耗的なバブル経済が発生したのだ。

細胞増殖の場合も同じである。正常な組織内の正常な細胞は、負のフィードバックによる抑制を通して自分自身を制御し、また相互に制御しあう。増殖する細胞はほかの細胞に隣接すると「接触阻止」の状態に陥る。細胞はまわりをたくさんの細胞によって取り囲まれると、分裂できなくなるのだ。隣接する細胞が死ぬかいなくなるかして接触が失われた状態になると、それまで阻止されていた細胞が分裂を再開し、その空間が新たな細胞で満たされると、再び接触阻止の状態に戻る——恒常的な負のフィードバックループは、このようにしてオンとオフをくりかえしている。

遺伝子変異によって細胞が癌化する場合、個々の変異は負のフィードバックループがオフになるか、正のフィードバックループがオンになるか、あるいはその両方によって生じる。こうして癌は効率的に恒常性から爆発的で制御不能な増殖へと転じ、腫瘍を作り出し、侵略と拡散を遂行する。このとき自己強化型の正のフィードバックループが優位になるため、システム全体で深刻なエネルギーの枯渇が生じる。癌を患うひとは、腫瘍による代謝要求の増大についていけなくなると、激しく消耗して死に至る。

近年、癌治療の最前線では、癌細胞を死滅させることだけでなく、それに対する身体の恒常性制御を回復させることも、目標のひとつとなっている。たとえば、身体にそなわる癌に対する恒常性チェック機能のひとつに、免疫系による抗腫瘍監視がある。そのため、何らかの原因（ストレス、栄養不良、免疫抑制治療、未治療のＨＩＶ感染など）で慢性的に免疫系の機能が低下しているひとは、免疫に基づく負のフィードバックループの衰えのため、発癌リスクにさらされているといえる。最新のめざましい抗癌治療のなかには、腫瘍を見つけ、これと戦う免疫系の機能を復活させる方法を発見したというものも見られる。これによって恒常性が回復し、悪性腫瘍が消滅するというのだ。

本書ではこれから、細胞から分子へ、原子から亜原子粒子へ、さらにその奥に潜む量子の領域へと、スケールのレベルを降りていくことになる。それぞれのレベルで、正と負のフィードバックループが作り出される過程は、これらのスケールにおいて相互に作用しあう部分どうしの通信手段という観点からとらえることができる。システムの複雑性が高度になればなるほど、通信手段は巧緻《こうち》になり、多くの場合、われわれがそれを要約するのに用いる表現の精度は低くなる。細胞や身体を単純な方程式でとらえるのは難しい。しかし、その一方で（化学の法則に支配される）原子レベルや（素粒子物理学と場の量子理論に支配される）量子レベルのような最小のスケールでは、その過程は簡潔に、つねに数学的に記述される。

規則（四）ランダム性の程度が鍵になる

複雑系に顕著な特徴は、その予測不可能性にある。複雑系が無尽蔵に創造力を発揮できるのも、すべて予測不可能性がもたらす並外れた力によるものであり、その意味は大きい。

単純にフェロモンに引き寄せられて食物補給路を追うことをしない少数のアリがつねに

存在する。彼ら異端のアリたちは、けして怠け者でも役立たずでもない。それどころか、適応のために彼らは不可欠なのだ。もしすべてのアリがひとつの食物補給路に殺到したら、他の食物供給源を探すアリがいなくなるだろう。二〇〇〇年ごろ、幹細胞を研究していたわたしは共同研究者たちとともに、人体も同じようにふるまうことを指摘した。もし細胞が小さな機械のように動作するとしたら、病気や怪我に直面したとき、体はあまりに脆弱だろう。細胞が治癒反応を見つけるために体内や周辺を移動する際の動作には、ある程度のランダム性が含まれていなければならない。[1]

しかし、人生の多くの場合、中庸が最善の道であるのと同じように、複雑系ではランダム性の程度が鍵になる。過剰なランダム性は自己組織化にとって妨げとなる。その一方でランダム性が小さすぎると、システムは機械のように動作することになり、適応行動のための新たなモードを見つけるのに十分な柔軟性を欠いてしまう。複雑系は、**抑制無秩序**とも呼ばれる、過不足ない低レベルのランダム性によって、スチュアート・カウフマンが「隣接可能性」と名づけたものを探索する能力を開花させる。[2]ランダムな出来事があちこちで発生し、探査や開拓のための新たな存在様式や方法が偶然に見つかるときはじめて、展開の機会が訪れる。複雑系が活動しつづけられるのは、わずかなランダム性があるからなのだ。

子どものころ、アリの行動がいつもわたしと母のあいだに緊張の種を作り出していた。母はわが家をつねに隅々まで清潔でかたづいた状態にしておかないと気がすまないひとだった。だから、もしキッチンを一匹だけでうろついているアリを見つけたら、すぐに外へ出してやらなければならなかった。母が見つけたら、そいつを殺し、駆除業者に電話をかけるに決まっていたからだ。わたしはそんな小さな迷子のアリがかわいそうで、母より先に見つけ次第、紙きれに乗せてやると、そいつがほかのアリたちといっしょにいた場所へ連れ出してやるのだった。

しかし、母の直感はいつも正しかった。そのアリは、コロニーの抑制無秩序に属していて、コロニーのために道を切り開き、キッチンにある食物の隣接可能性を探索していたのだ。そいつがやるべきことといえば、母が掃除するよりも早く、わたしがこぼしたパン屑を見つけることだけだった。あとはくるりと向きを変え、匂いをたどって巣に帰ったときにはすでに、一〇〇匹ものアリたちがわが家になだれ込む絶対確実なルートができあがっていた。それは「かわいそうな小さなアリ」ではなく、家宅侵入の先兵だったのだ。

この低いレベルの無秩序の例からわかるのは、複雑系が何かを創発するのは確実だとわかっているにもかかわらず、なぜわれわれは創発構造の性質を予測できないのかという、その理由である。複雑系においては、たとえ開始条件が同じでも、継続的に低いレベルの

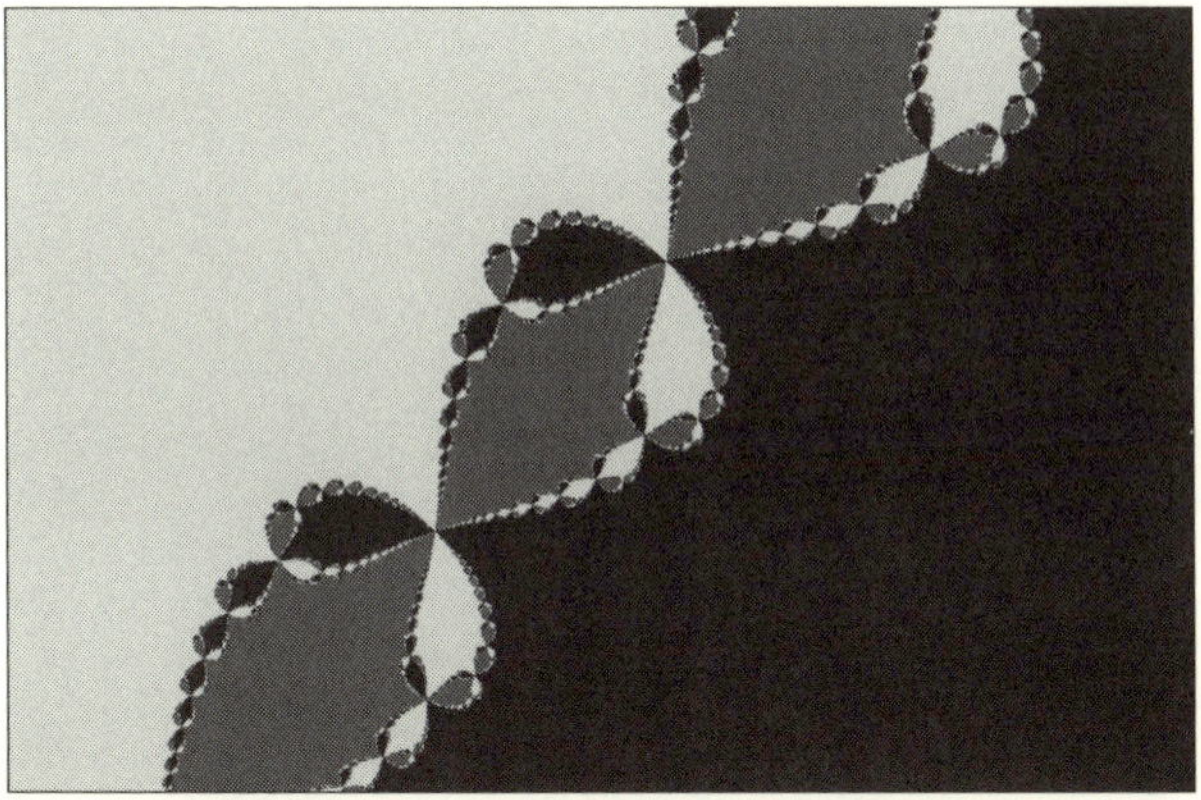

水の状態の位相図に見られる滑らかな境界線とは異なり、複雑性が生じる秩序とカオスとの境界はフラクタルで、無限の細部まで入り組んでいる。

ランダム性の影響を受けるため、正確に同じ仕方で事態が展開することはありえない。複雑系は、あたかもその全生涯のどの瞬間においても、隣接可能性の雲のゆらぎに包まれているかのようだ。それが次の瞬間に展開する**かもしれない**すべての可能性の正体である。そしてその瞬間が来たとき、ありえるすべての可能性のなかから、ひとつの予測不可能な事態が姿を現す。その複雑系の新たな反復が、わずかなランダム性によって召喚《しょうかん》された新たな事態と向き合うとき、その周りにはまた別の潜在性の雲が現れる。それが何度も何度も、次から次へ、くりかえし、くりかえされる。

　進化の観点からすれば、自然選択が種の変化を促すという言い方もできるかもしれないが、それは、変化するための可能な選択肢には、有効な隣接可能性に相当するものしか含まれていないというのと同じことだ。選択肢は無限ではなく、そのほとんどには適応性がない。しかし、選択の範囲はけして狭いわけではない。予測できないくらいなのだから。生物学的な創造力、すなわち環境の変化に対して多様な反応を示し、まったく新しい種や生態系のかたちを取って現れるような進化さえ導き出すこの生命の力は、システムにそなわる抑制無秩序が機能することによって発動される。

本書ではこれから、さまざまな種類の「部分」(身体、細胞、分子、原子など)が相互作用し、複雑で創発的な全体を作り出すしくみを探究していく。それぞれについて、ランダム性がいかに生じ、どのように見え、機能するかは、考察するシステムがどのスケールのレベルに属するかによって異なる。同様にそれぞれのレベルでフィードバックループを作り出す通信の方法は、ほかのスケールの通信の方法とは異なる——細胞がほかの細胞と対話する仕方は、クォークがほかのクォークと対話する仕方とは大きく異なる。したがって、ここで説明した一般論はすべてのスケールに当てはまるが、その細部はそれぞれまったく異なる。にもかかわらず、どのレベルにおいても、複雑系が予測のつかない新たな可能性の探索に動き出すときでさえ、限られた範囲の通信ネットワークのランダム性や堅牢性だけで、均衡をもたらすには十分なのだということが見てとれるだろう。

＊＊＊

ただ、複雑系というこのコインの裏には、どこか暗い影が落ちている。どうやら、隣接可能性には、部分的にしろ全体的にしろ、何かシステムに適応しないものがあるらしい。液状水と氷と蒸気のあいだの物理的な相転移が単純な線としてとらえられるのに対して、カオスの縁では、境界はフラクタルである。それはマンデルブロ集合のフラクタルのように無限に入り組む、縁飾り状の（数学的）境界である。生物学的な創造力は、安定性とカオスが生命を両側から引き合う、フラクタル幾何学によって形成された領域で発揮される。

抑制無秩序に導かれ、安定性とカオスの境界を紆余曲折するフラクタルの道をたどるうち、避けたほうがよい場所に行き着くことになるのかもしれない。生命を見出したこのフラクタルの相転移の内部にいつまでもとどまってはいるわけにはいかず、いつかそこから、機械のような硬直した決定論か、それともカオスか、どちらかへ引きずりこまれてしまうのかもしれない。いずれにせよ、その綱引きが決着し、自立的で適応的な創造力がシステムから失われると、部分にしろ全体にしろ、大量絶滅が起きるだろう。

したがって、複雑系だけでなく、あらゆる生命の創造力の淵源でもあるわずかなランダム性は、否応なく部分的な大量絶滅を引き起こし、いずれ与えられた時をまっとうすると、システム全体が死に至る。われわれは死を前提として生かされている。永遠のいのちとか若返りの泉とか、そういうものはない。

これは個々の人間にとっては残念なことかもしれない。しかし、大きな観点に立つと、見え方はちがってくる。大量絶滅はつねに新たな創発形態のために道を譲る。恐竜が絶滅していなければ、哺乳類の台頭はなかった。ヨーロッパで黒死病が流行しなければ、ルネサンスはなかった。死は、思いもよらない、並はずれた生命のために道を開く。それは生命に、ただ生きている以上の何かがあるからにちがいない。もっと大きな、展開しつづける全体の一部であるということの意味を考えてみるべきなのだ。

こうして複雑性理論は抽象——数量化、ゲーム化、幾何学化、計算モデル化——され、そこから運命、意味、生、死の問題があふれ出す。

II

相補性とホラルキーあるいは「無限の身体」

第4章

細胞レベル：身体と細胞

わたしのような診断病理学者には、ひたすら顕微鏡に向かってヒト組織のサンプルを観察するという日々の特権が与えられている。その目的は、通常、誰かの生検に腫瘍がみとめられるかどうか、みとめられるとしたら、それは良性か悪性かなどの診断をおこなうことである。毎日何時間も顕微鏡のまえに坐りつづけ、次から次へと症例の検査をしていると、身体が臓器、組織、細胞などの小部分から構成されているということを意識せずにはいられない。

顕微鏡越しでは、身体全体は見えない。四肢や器官も見えない。細胞が見えるだけだ。それらはどのようにひとかたまりに結合し、組織化しているのか。どのようにつながっているのか。離れているのか。「同じ種類」の細胞であるとしても、それぞれ隣接する細胞とはどこがどのようにちがうのか。そのように観察していると、すべての皮膚細胞は同じ皮膚細胞のように見えて、実はそれぞれ隣接する細胞とはわずかに異なっていることがわかる——同じだが同じではなく、均一性のなかにも微細な、あるいは微細ともいえないほどの多様性がみとめられる。

やがてドアをノックする音がして、顔を上げると、わたしは身体が身体らしく見える日常世界に戻る。研修生や同僚がオフィスにやってくれば、日常のスケールで社会的な交流をはじめる。正しい訓練を積めば、われわれは身体をヒト、アリ、トリなどの身体としてとらえる視点と、細胞の部分や集合としてとらえる視点とを自由に切り替えられるようになる。

そしてわれわれは「身体を自己組織化し、複雑系としての創発特性を生じさせることが、アリにできるのなら、細胞にも同じことができるのではないだろうか?」と自問する。それは可能だ。細胞は複雑系を構成する要素に求められるすべての規則の要件を満たしているのだから。細胞は単体や少数で存在することはほとんどない。事実上、単細胞生物はつねに明確なクラスターやコロニーのかたちを取って存在する。もっとも単純な多細胞生物にも、一〇〇〇個以上の細胞がある。ヒトには何兆個もの、シロナガスクジラには何千兆個もの細胞がある。細胞は、正と負の両方のフィードバックループを通じて相互に作用しあう。そして、たとえホルモンのような分子信号が、身体の遠く離れた部分から細胞に送り届けられるとしても、目標となる細胞がその分子信号と出合うことでローカルな効果を生じるという観点に立つなら、このような相互作用もなお「ローカル」であるといえる。システム全体を監視するような単体の細胞や細胞のクラスターが存在しないのは確かである。細胞の相互作用に使われるのもやはり抑制無秩序、すなわち、細胞が環境の変化に応じて適応的に自己組織化する新しい方法を見つけたり、病気や傷害による部分的大量絶滅から恢復したりするのに必要十分な——多すぎも少なすぎもしない——ランダム性である。

「複雑系としての身体」から「複雑系としての細胞」に視点を移動すると、おもしろいことに気がつく。複雑系は別の多数の複雑系から構成されることもあるということだ。アリの巣を遠くから見ると、黒い**物**のかたまりがそこにあるように見えるかもしれない。しばらく観察しているうちに、動きからヒントをえたり、かたちが変わるのに気づいたりするかもしれないが、基本的にそれはひとつの物のように見える。近づいてよく見ることではじめて、物ではないとわかる。相互に作用しあい、自己組織化し、絶えず動きまわるアリたちの群れだ、と。

さらに近づいて、一匹のアリをクローズアップし、顕微鏡レベルでそのなかに入り込んでみよう。ひとが近づくにつれて物としてのコロニーのかたちが相互に作用しあうアリたちの姿に変容していくのと同じように、顕微鏡レベルでは、アリの身体が消え去るにつれ、アリを構成し、相互に作用しあう細胞が立ちあらわれる。コロニーかアリか、どちらが真実の姿だろうか？　身体か細胞か、どちらだろうか？

いつか、友人といっしょに散歩していて、どんな研究をしているのかと尋ねられたことがある。ちょうどそのとき、友人の頭のずっとうえに、黒くて、流れるようにかたちを変える不思議な気球か、飛行船のようなものが見えた。一瞬、わたしの脳はその幻影に戸惑い、もう一度、意識を集中した結果、それがムクドリの群れだとわかった。「あれだよ！」と空を指さして言った。「わたしが研究しているのは」。鳥の群れはそれ自体がひとつの物のように見えると同時に、無数に群れてはいるが、一羽一羽の飛ぶ鳥の姿も見える、そのありようのことだと言いたかったのだ。「この指だって同じことだよ」と、わたしは友人の目のまえで指を左右に振って見せた。「指のように見えるかもしれないけれど、ほんとうにそうだろうか？　指だろうか、細胞の集まりだろうか？　それは視点の問題にすぎなくて、どちらも同じように真実なんだ」と。

何かが**物**のように見えるか、多数の小さな物から生じる**現象**のように見えるかは、観察者のスケールや位置や視点によってちがってくる。

　これはただの抽象概念ではない。飛行機に乗っていて、目的地に近づき、もうすぐ着陸するというころ、窓から見える景色を思い出してほしい。あなたはまだかなりの高度を飛んでいるが、徐々に降りてきているのがわかる。家々の屋根を見下ろし、はるか下の路上を蟻のように動く車を見ている。やがて降下速度が増し、空港が近づいてくる。飛行機がビルの屋上ぎりぎりまで降りてきて、ビルの谷間に吸いこまれるかと見える瞬間、あなたは突然、世界の**上**から世界の**なか**に移動している。それはつまり、ひとつの知覚スケールから別の知覚スケールに滑りこむという転換の瞬間なのだが、少なくともわたしは、その変化を具体的なものとして体感できる。

相補性

　このような二重性に、戸惑いを覚えるひとがいるにちがいない。そして聞きたくなるかもしれない。「結局、どちらが真実なのだろう？　身体はひとつの実体なのだろうか、それとも相互に作用しあう細胞という多数の小さな部分から生じるひとつの現象なのだろうか？」と。もちろん、「どちらでもある」というのが答えだ。「同じだけ、まぎれもなく」。

　このような現実の二重化は、量子物理学者が**相補性**と呼ぶものの一形態である。相補性に関しておそらくもっともよく知られた例を挙げるなら、それは「光は波であり粒子でもある」という——知られているわりに理解されていない——考え方だろう。

相補性は、もともと「二重スリット」実験*のために考え出された概念だった。「二重スリット」実験によって、光線はある仕方で観察される場合には個々の粒子ビームのようにふるまうが、別の仕方で観察される場合には連続した、うねる波のようにふるまうことが明らかにされ、光が波として現れるか粒子として現れるかが、実験条件や観察方法に依存するというこの事象は、**波動と粒子の二重性**と呼ばれるようになった。いずれの説明もそれだけでは不完全であり、光の性質の全体を説明するには不十分であることが明らかになり、これら二つの部分的説明——波と粒子——は相互に補完しあうものであることがわかった。光の性質は、これら二つの説明を合わせたときにはじめて完全にとらえることができ、一方の観点に欠けている情報を、他方の情報によって補完することができた。両者の関係は、相補的なものと見なされた。

量子力学の創始者のひとり、ニールス・ボーアは一九二八年にこの概念に関する研究を発表したのち、この事象をもっとも深く考察したひとである。そうして一度の実験で波動

*二重スリット実験については第7章で詳述する。

ニールス・ボーアの紋章。「Contraria sunt complementa」とはラテン語で「相反するものは補い合う」という意味。

と粒子の二重性の両方の側面を同時には実証できないことが明らかにされたのである。量子レベルでは両方の状態を同時にとらえるのが不可能であるということ、それが存在の本質の基本原理であるということに誰もが同意した。ボーアはさらに、相補性は量子領域のきわめて微細なスケールで存在を説明する場合だけでなく、日常の標準的なスケールで生物を説明する場合の基礎でもあると主張した。[1]

ボーアは相補性を**あらゆる**スケールにおける存在の基本特性と見なした。それは彼の思想の核心だった。彼がデンマーク最高の栄誉であるエレファント勲章を受けたとき、自分の紋章のデザインに、相補性の全き象徴である太極図をあしらったのはその証である。た

だ、二〇世紀になり、時を経るにつれて科学のあらゆる専門領域で細分化が進んだことも あり、このような一般相補性の概念は、哲学と科学の片隅でのみ探究されることになった。にもかかわらず、それは今もしっかりとつづけられている。

上の図は相補性を別の仕方で視覚化したものである。シルエットは二つの横顔に見え、そのあいだの空白は花瓶に見えるという、よく知られた白黒のイメージだ。どちらに見えるだろうか？　二つの顔だろうか？　花瓶だろうか？　もちろん、どちらも同じだけ、どちらでもある。どちらの見え方もイメージ全体を説明するものではなく、それぞれ重要な何かが欠けている。完全な説明とは、ひとつの相補性によって二つの対照的な見え方を統合できる、そういうものでなければならない。

身体はそれだけでひとつの存在なのか、それとも多数の細胞の活発な相互作用から生じる現象なのかという問いにも、まったく同じように答えることができる。これも相補性なのだ。どちらも同じだけ、どちらでもあり、どちらに見えるかは観察者の視点で決まる。あなたはそれを日常のスケールで見ているのだろうか、顕微鏡スケールで見ているのだろうか？　日常のスケールでは、あなたの身体はひとつの全体である。顕微鏡スケールでは、全体は消えて多数の部分が現れる――細胞は空間的にも時間的にもほかの細胞と連携し、飽くことなく踊りつづける。一度に一方しか確かめられないとしても、どちらの見え方もつねに同時に真実である。

では、身体の境界はどこに？

ひとの身体はそれだけでひとつの実体であると同時に、また、そうではないという認識には重要な意味がある。ひとつは、この認識によって、ひとの身体の境界が曖昧になりはじめるということである。日常のスケールでは、わたしの境界はわたしの皮膚であり、あなたの境界はあなたの皮膚である。目を閉じて、あなたの指先がこの本や、今これを読んでいるデバイスに触れているのを確かめてほしい。あなたとあなたでないものとのあいだの、皮膚と物体が出合う場所に鮮明で確実な界面を感じることができるだろう。

しかし、顕微鏡レベルでは、あなたの皮膚の表面はそれほど鮮明で確実だといえるだろうか？　けして明確とはいえない。表層の細胞は絶え間なく死に、剝落《はくらく》している。実際、家のなかの埃の多くは、居住者の皮膚から剝がれた細胞で構成されている。顕微鏡レベルでは、このように皮膚の表層がひとの境界を劃《かく》しているわけではない。この場合、ひとの境界は、少なくともその居住空間くらいまで広くとらえてかまわない。

ここで、ひとの身体の構成物は、自分のヒト細胞だけではないということについても考えてみたい。**微生物叢**《そう》は、ヒトの皮膚の表面を覆い、外部に連続する体内（気道や消化管など）のあらゆる空間をも満たす微生物（ほとんどは細菌だが、菌類やウイルスも含まれる）の共同体である。これらヒト以外の有機体はヒトの身体の生きている細胞の半数以上にのぼる。

微生物叢はヒトをコロニー化しているだけではない。それはヒトの生きている健康な身体にとって不可欠である。事実、われわれ人間の生存は、すべてヒト細胞とヒト以外の細胞との緊密な協力関係に支えられているといえる。

指の関節を曲げ、そこに生じる皮膚の皺に注意してほしい。皺は、皮膚の皺に関する固有の機能を持つ細菌で覆われている。これらの細菌は、みずからの必要から、死んだ細胞の破片や皮膚の表層の分子成分を取り込み、皺の部分の皮膚に潤いを与え、柔らかくし、保護する潤滑剤を作り出している。関節が曲がるたび、つねに磨耗や亀裂を生じる危険にさらされながらも、皮膚が損傷しないのはこのためである。

ことばを換えれば、身体の内側と外側の表面を覆う細菌がいなければ、われわれは健康でいられない。これらの細菌がいなくなると、皮膚は脆弱化し、感染症にきわめてかかりやすい状態になる。第二次世界大戦中に使用されはじめた抗生物質がまだなかったころ、このような感染症は多くの場合、致命的な病だった。

この微生物叢については、最近の研究で、さらに驚くべき事実が明らかにされている。[234] それによると、これらの有機体は、われわれにとってヒト細胞と同じくらい不可欠で必須なものであり、われわれが何かに触れると、それは必ず身体から離れ、触れられたものへ移動する。ドアノブ、スマートフォン、キッチンのカウンター、ペン、友達。誰かと握手したり、キスしたり、ハグしたりするたびに、「あなた」のどこかは向こうに残り、あなたが触れたひとのどこかはあなたについて来る。この細菌交換の働きはきわめて顕著で、一緒に暮らす人びと（とペット）の微生物叢を、ひとつの大きな共有微生物叢、すなわちヒト（とイヌとネコ）からなる島々を包み込む、連続した多細胞の実体にしてしまう。それは微生物でできた大きな雲、群れ、コロニーだ。さらに、この共同体はさまざまな種や生命形態——細菌、ヒトの細胞、ネコの細胞、イヌの細胞——によって生理学的に織りなされ、それぞれの部分はほかのあらゆる部分の生理機能に影響し、全体の生理機能にも影響する。

この共有微生物叢に関する事実について考えはじめたとたん、われわれ自身とその皮膚の外部に存在するものとの境界は、急にぼやけて見えてくる。あなたの境界は、その日、何気なくさわったものやひと、そしてあなたにさわってきたひとにまで広がっていく。空間におけるわれわれの境界は、皮膚の向こうへ延びていく。

顕微鏡(細胞)レベルまで降りてくると、時間の境界も変化する。あなたの身体のことを考えてみよう。今日の身体、昨日の身体、先月、去年。若かったころ、十代のころ、子ども、幼児、新生児だったころ……。細胞レベルでは、個々の細胞は以前のバージョンのあなたの細胞に由来する。……さらに遡って新生児から胎児、胚、未分化の状態へ。個々の細胞はその前の細胞に由来する。……胚から受精卵へ。その前はどうだろう？ やはり、境界はない。あなたのはじまりである卵子と精子は、母親と父親の身体の一部だった。母系の起源について見てみれば、その卵子は母親の身体のそれ以前のすべてのバージョンの一部であり、それは結局のところ、母親の身体の一部であるというのと同じことだ。そして母親はその母親の一部であり、その母親はそのまた母親の一部である。そうして三〇万年ほど遡れば、その母親はもう**ホモ・サピエンス**ではなく、**ホモ・エレクトゥス**である。それから**ホモ・ハビリス**に遡り、はるかに進化の系統樹の枝をたどって初期哺乳類、初期両生類を経て、われわれがまだ単純な多細胞生物だったころへ。……その前には単細胞生物がいて、さらにその前に、おそらく単細胞の共通祖先がいる。

地上にひしめく無数の生物たちは、空間だけでなく時間のなかにも満ちあふれ、実際には全体で巨大なひとつの有機体をなしている。それはちょうどわれわれひとりひとりが（自分の心のなかでは）、限られた生涯を通して自分はほかの誰とも異なるひとりの人間であると思っているのと同じくらい確実なことである。

これもまた相補性である。われわれはみな等しく、自立して生きている人間であると同時に、地球上の生命というひとつの巨大な全体を、ほんの一瞬だけ構成する、微小な一単位にすぎない。この観点からするなら、ひとの世の移ろいなど、それが波乱万丈であろうと平穏無事であろうと、ひとの皮膚から細胞が剝がれ落ちるのといくらも変わりはしない。

第5章

分子レベル：細胞説を超えて

細胞説によれば、すべての生物は細胞から構成されていて、すべての細胞はそれに先行する細胞に由来するという。科学者たちは、顕微鏡が発明され、拡大レンズの下で組織を観察し、実際に自分の眼で細胞を見ることができるようになってはじめて、この生物学に対する現代的アプローチ――西欧医学と呼ばれるものの基礎をなす考え方――を確立することができた。

顕微鏡が発明され、細胞説が勝利するまえはどのように考えられていたのだろうか？古代ギリシャに淵源を持つヨーロッパ文化では、かつて身体のなりたちを解明することは科学ではなく、哲学の仕事と見なされていた。哲学者たちは、身体は分割できない構成単位である「原子」からできているか、無限に分割できる流体からなるか、どちらかであると考えた。顕微鏡レベルで回答を直接、確かめる方法がなかったため、この哲学論争は二〇〇〇年以上つづいた。

顕微鏡が発明されると、驚いたことに、細胞壁（植物）や細胞膜（動物）が目に見えるようになった。それは空の箱のような多面体だった。箱をいくつかの小さな部分に分解すると、そのなかに小さな箱は確認できず、壁面の断片が確認できるだけだった。このようにして、身体の基本的な性質は解明された。それは分割できない構成単位、すなわち原子でできていた。この構成単位は、修道僧や囚人の独房《セル》――壁、天井、床だけで何も家具がない部屋――のようだったため、「細胞《セル》」と呼ばれるようになった。細胞説はこのようして生まれた。

時が経つにつれ、顕微鏡学者たちは、スライドガラスのうえの組織にさまざまな化学薬品を適用し、細胞の各部を染色すると、それまでわからなかった細部を確認できることに気づいた。これらの染色剤（その多くは現在の診断業務にも日常的に使われている）は、核、ミトコンドリア、リボソーム、ゴルジ体、小胞体など、それまで目に見えなかった細胞の下部構造を明らかにした。ことばを換えるなら、われわれは空の独房《セル》に家具を入れはじめたわけだ。

もしテクノロジーが別の進み方をしていたらどうだろう？　顕微鏡で最初に見えたのが細胞壁や細胞膜ではなく、核だったらどうなっていただろう？　初期の顕微鏡学者たちは、もしかしたら「身体**は**無限に分割できる流体でできている！」と言ったかもしれない。そのとき、彼らは、これらの小さな球体――核――が流体のなかに散らばっているのを見て、身体には基本的に流体の性質があるということを明らかにしただろう。このような、ありえたもうひとつの歴史では、西欧医学と生物学の基礎的なパラダイムとして、細胞説ならぬ流体説が主張されていたにちがいない。それから何年かのち、特別な染色剤を適用し、はじめて細胞膜を見たとしても、科学者たちは後戻りして「われわれはまちがっていた。身体は細胞でできている」とは言わないだろう。そうではなく、「身体の連続流体のなかに半透性の仕切りが見える」と、きっとそう言ったにちがいない。

結局、どちらなのだろうか？　身体は不連続の細胞からなるのか、それとも連続する流体なのか？　これもまた相補性である。二つの異なる見方は、身体の二つの異なる真実を明らかにしている。一方の見方は、他方の見方では隠されている側面をとらえているが、同時に他方の見方がとらえている側面を隠している。ここでもまた、全体を完全に理解するためには、たとえ矛盾しているように見えても、**両方の**見方が同じだけ必要になる。

流体説のような、身体に関する別のモデルが明らかにしてくれるもの、すなわち、細胞説によって隠されているものがあるとすれば、それはどんなものだろうか？　可能性のひとつとして、たとえば、鍼治療の効果をもっとうまく説明できるかもしれないということが挙げられる。現在では、身体の適切な場所（経穴）を鍼で刺激することで、炎症を軽減し、筋肉の痙攣を解消し、痛みや吐気のような不快感を和らげられるということに異論のある医療専門家はいない。これらの効果は検証可能、再現可能だが、これまでのところ、標準的な解剖学や細胞説ではまだ十分に説明されていない。解剖学上、これらの経穴は、いかなる神経、血管、リンパ管、その他の明確な解剖学的構造にも対応していない。また、これらの経穴に固有の細胞の種類も特定されていない。細胞説では鍼治療を説明することができないようなのだ。しかし、身体を流体としてとらえたなら、有益な洞察がえられるかもしれない。[1]

実際、身体の性質に関して、西欧の科学や医学が一般にみとめているよりも柔軟な態度をとることによって、多くの恩恵をえられる可能性は十分ある。身体を細胞として、連続流体として、さらに電磁場や量子場としてもとらえるという相補的な見方は、西欧医学と、健康や治療に関する別の文化――南アジア、チベット、中国、その他各地のシャーマン的な思想伝統など――とのあいだの概念的・記述的な溝を埋めるのに役立つだろう。複雑性理論は、これらの考えをさらに深くさぐるうえで有効である。

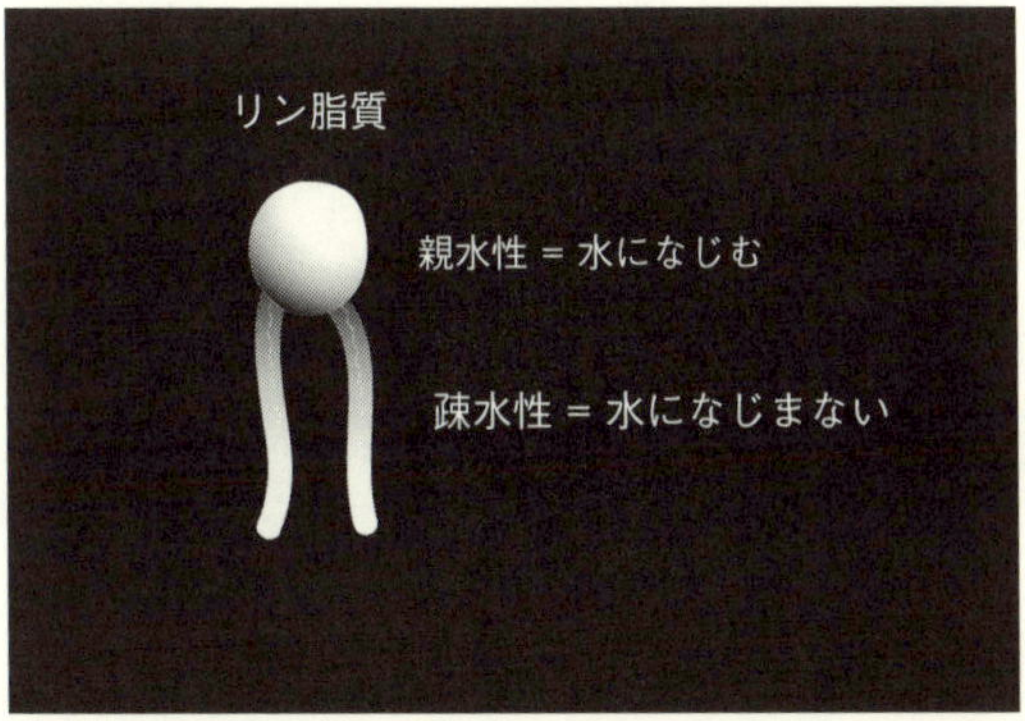

自己組織化する分子

もし細胞が、そこからすべての生物が生じる決定的で基礎的な実体でないとしたら、その下位のスケールには何があるのだろう？　答えを求めて、水溶液中を漂う分子のスケールを考察してみたい。人間の身体が、細胞の内部も外部も、大量の水でできていることはよく知られている。生体組織への分子栄養素の運搬も、細胞代謝による分子老廃物の除去も、流体の流れによっておこなわれる。生体分子が動的に相互作用し、自己制御できるのも、それが流体中に浮遊しているからである。

たとえば、細胞の外部境界を定義し、そのなかに細胞のほかの部分を収容する細胞膜はすべて**リン脂質**と呼ばれる特種な分子で構成されている。この分子の一方の端は帯電しており、**親水性**であるため、水に溶解

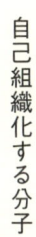

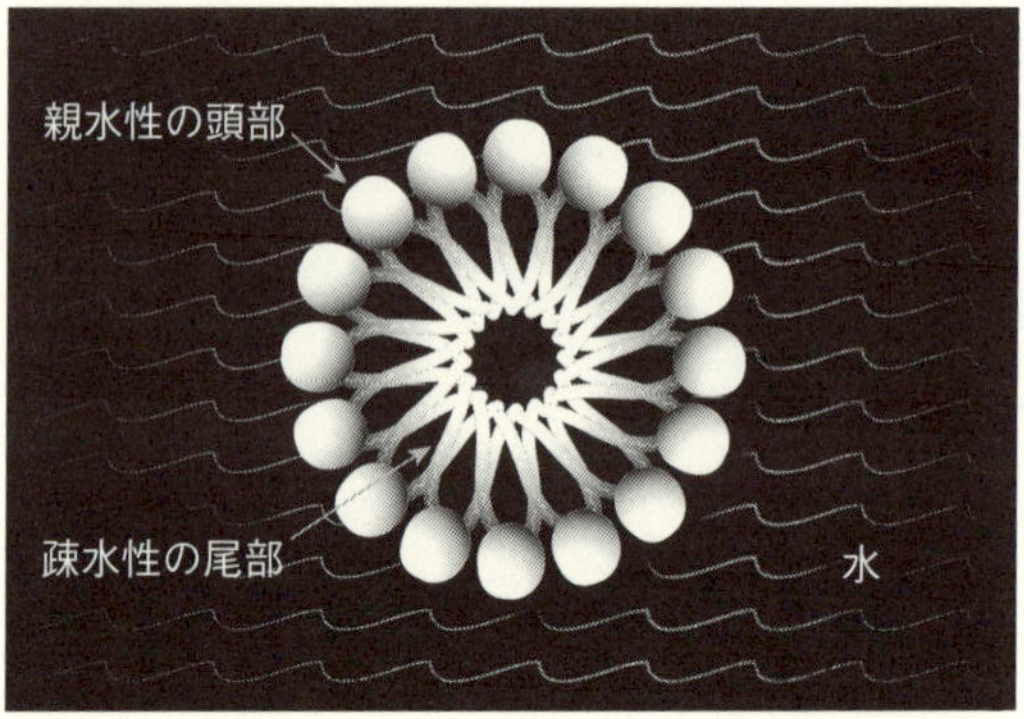

しやすい。この分子のほかの部分は油性あるいは脂肪性の**疎水性**脂質であるため、帯電せず、水をはじくが、ほかの脂質には溶解しやすく、そよ風に吹かれる長い旗のようにこの分子のもう一方の端のほうになびく。

水に油を入れると何が起こるかはわかるだろう。油は疎水性なので、水と混合すると明確な層状に分離されるか、あるいは激しく攪拌《かくはん》されると水中に油滴が形成される。

細胞膜の分子が水に混じると、一方の端は親水性だが、もう一方の端が疎水性であるため、内側に向かう結果、水を排除する内部領域ができあがる。これらの分子はこうして突然、内部と外部を作り出す。これ自体、一種の創発的な自己組織化といえる。

これらの分子の数が十分であれば、二層の分子からなる膜組織である**脂質二重層**が形成される。この膜組

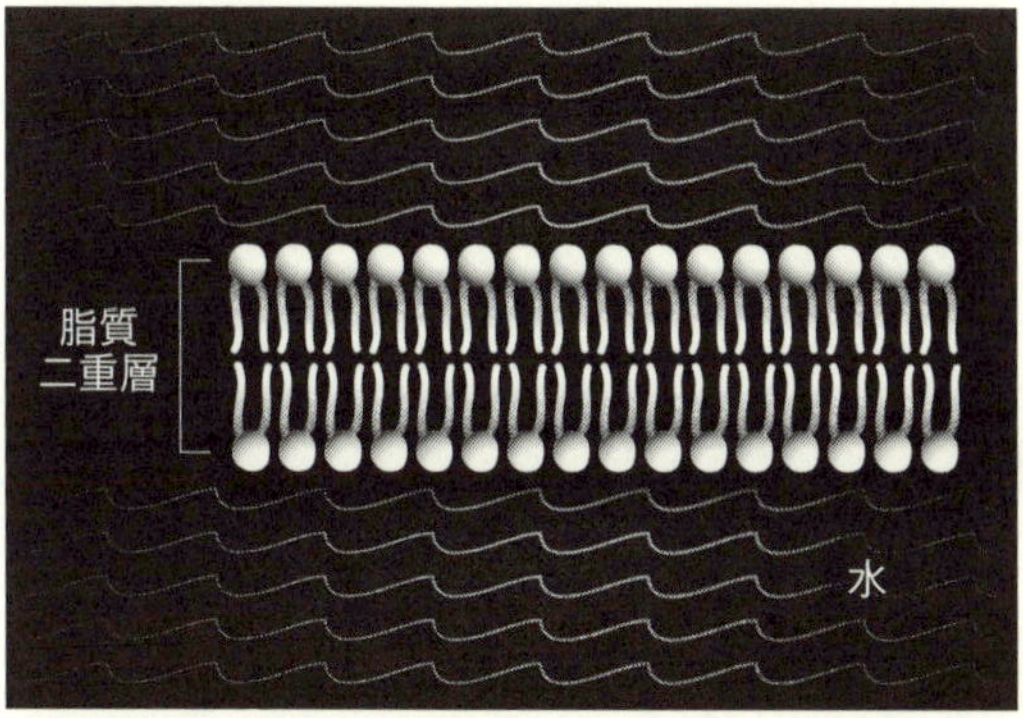

織の両側の表面には、溶解しやすい親水性の端が並び、膜の内側では疎水性の尾部が二重層をなして向かい合い、その二層のあいだから水を排除している。

このような水中を漂う自己組織化する分子からなる構造は、誰が「設計」したのでもないが、きわめて安定性が高く、しかも動的な変化を生じやすい。細胞の内部と外部を劃する境界としてじつにみごとな構造をそなえている。

分子は複雑系のメンバーとなりえる有力な候補のように見えるが、それを確かめるには、分子スケールでもやはり、抑制無秩序を探し出さなければならない。そのためには、水中を漂う分子が水分子の急激な攪拌によってどのように衝撃を受けるかを観察すればよい。それが**ブラウン運動**である。*水の温度が高ければ高いほど、水分子の運動エネルギーは大きくなる。その動きが速ければ速いほど、水分子はお互いに、あるいは水中を漂うほかの種類の分子と激しくぶつかりあう。しかし、水中の無秩序が大きすぎると、分子の自己組織化は生じない。

映画館のポップコーンのことを思い出せば、適量の衝撃にどれほどの効果があるのかがわかるだろう。ポップコーンの袋のなかには、大きくてもこもこの完全にはじけた粒から、小さくて石みたいに硬い、はじけなかった粒まで、じつにさまざまな大きさの粒が入っている。その、歯の欠けそうな硬い粒を取り除《の》ける方法は、誰でも子どものころに一度、映画を見に行きさえすればすぐにわかる。袋を振ればよいのだ。あまり振りすぎるとあたりにポップコーンが飛び散ってしまう。しっかり振らないと、大したことは起こらない。しかし、適量の衝撃を与えれば、さまざまなポップコーンの粒が袋のなかを移動する機会が生じる。よくはじけた大きな粒どうしの隙間がもっとも大きく、あまりはじけなかった小さめの粒が底に落ちる。そのようにしてポップコーンの粒は順に隙間を落ちていき、たちまちサイズ別に分類されてしまう。最後に、もっとも小さく高密度の、はじけなかった粒が袋の底に落ちる。ほんの少し運動エネルギーを加えることで、カオスから秩序が生まれる。

脂質二重層の場合は、正常な体温での水分子の運動エネルギーによって、細胞膜の分子を適切に配置するのに過不足のない量の衝撃が作り出されているわけである。

身体は機械ではない

一七世紀に細胞説が成立したのち、身体の性質に対する西欧科学のまなざしに再び根源的な変化が訪れたのは産業革命のころのことだ。技術の進歩と知識の飛躍によって、人間の労力を人工的に代替するエネルギーを作り出す機械の発明が急速に進められた。このような発展の結果、身体は機械のように組み立てられた物体である（あるいは機械はこれからますます身体に似ていくだろう）という思想が広く一般に浸透していった。

それから今日に至るまで、機械は生物学において支配的な隠喩でありつづけている。細胞は今なお「構成要素《ビルディング・ブロック》」という、積み重ねて組織や器官を作るのにふさわしい名前で呼ばれている。「（ヒト）組織工学《ティシュ・エンジニアリング》」は、ひとつの研究領域全体がこの隠喩のうえに築かれているといえる。

しかし、細胞はけして不活性で、積み重ね可能な煉瓦ではない。（たとえば、心臓や肝臓の移植のために）生体組織や臓器を作成する、現在もっとも高度な実践は、生体組織片

---

*ロバート・ブラウンは一九世紀スコットランドの植物学者。水面に漂う花粉粒子の奇妙な動きに注目した。アルベルト・アインシュタインは一九〇五年の著名な論文で、この動きが、水分子が花粉に衝突することによって引き起こされるものであることを明らかにした。

や臓器全体を採取し、すべての細胞を分解してその基礎となる生体分子的枠組みだけを残し、新たにヒトや動物の細胞を元の枠組みにしたがって再増殖させるという段階にまで到達している。その枠組みが、新たに移植された細胞に適切な構造・分子レベルの指示を与え、それによって細胞は相互に作用しあい、徐々に自己組織化し、新しい臓器の生理機能の創発特性を形成するに至るのだ。「工学《エンジニアリング》」も「構築《ビルディング》」も、もはやこのプロセスの正確な隠喩たりえないのは明らかだ。むしろ、分子レベルの環境で細胞の健全・精緻《せいち》な生態系を**培養している**とでもいうべきだろう。[2]

かつて高分子は結合することで「分子モーター」になると説明されてきたが、ここで用いられている機械の隠喩もまたすでに破綻しているといえる。これは、細胞質内で細胞小器官を動かしたり、体内で細胞を動かしたりというような、物理的な動きを実現する分子複合体である。だが、それはほんとうにモーターのようなものなのだろうか?

分子モーターの典型的な例は、筋肉細胞の細胞質を満たし、筋肉の収縮を可能にする高分子であるアクチンとミオシンのペアである。わたしは医科の授業で、これがどのように機能するかを学んだのだが、そのしくみはきわめて単純だ。アクチンフィラメントは長くてまっすぐな螺旋構造で、ミオシンフィラメントには曲げ伸ばしできる肘がついている。短い腕の先にあるミオシン頭部がアクチンに結合し、エネルギー分子であるアデノシン三

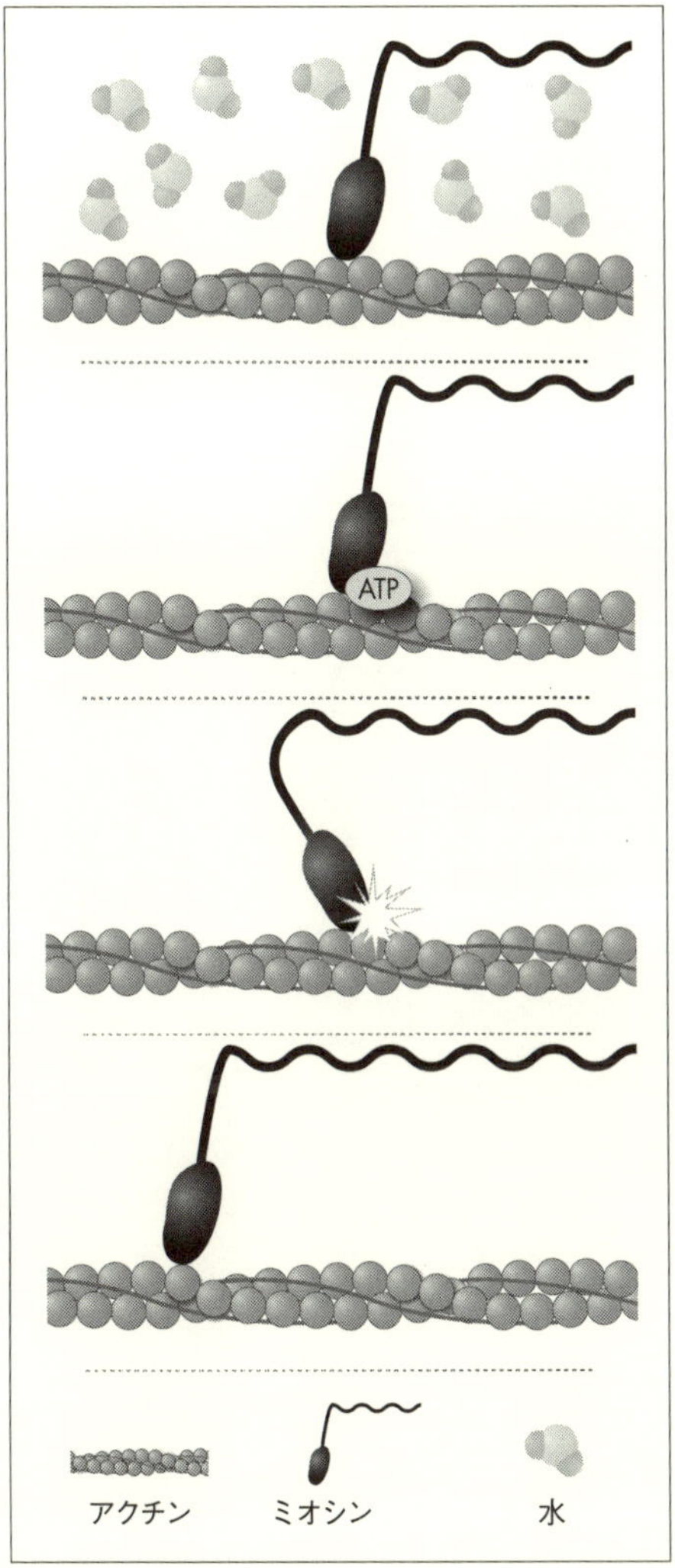
ATP
アクチン
ミオシン
水

リン酸（ATP）がミオシン頭部に結合する。

ATPが分解されると、エネルギーが放出されてミオシン分子の肘が曲がる。エネルギーの放散が終わると、ミオシン分子の肘は元どおり伸びると同時に、アクチンに沿って少し前方にずれる。これが何度もくりかえされることによって、ミオシンはアクチンに沿って「歩き」出す。この動きが筋肉細胞内の何千個も積み重なるアクチンとミオシンのペアの全体で同時にくりかえされ、すべての分子が相互にずれるとき、細胞全体に収縮が発生する。この動きがすべての細胞におよび、筋肉全体が収縮することで、指が動き、心臓が鼓動し、首をめぐらすことができるようになる。

ここまでなら「分子モーター」という機械の隠喩が使われることに問題はない……。しかし、これから先が問題だ。

これだけですでに驚くべき現象であることは否定しがたいのだが、日本の生物物理学者、柳田敏雄はアクチンとミオシンのペアを個体として詳細に観察していて、「機械のような」ということばでくることのできない別のプロセス――分子レベルでの複雑性を理解するうえで役立つ、予想外の現象を発見した。柳田は、蛍光顕微鏡のレンズの下、レーザー光を用いた「光ピンセット」*（これはスグレモノだ）で一本のアクチンフィラメントをとらえるという繊細な実験を思いついた。ミオシンの対応部分には蛍光タグがつけてあ

＊二〇一八年、アーサー・アシュキンはこの発明によってノーベル物理学賞を受賞した。

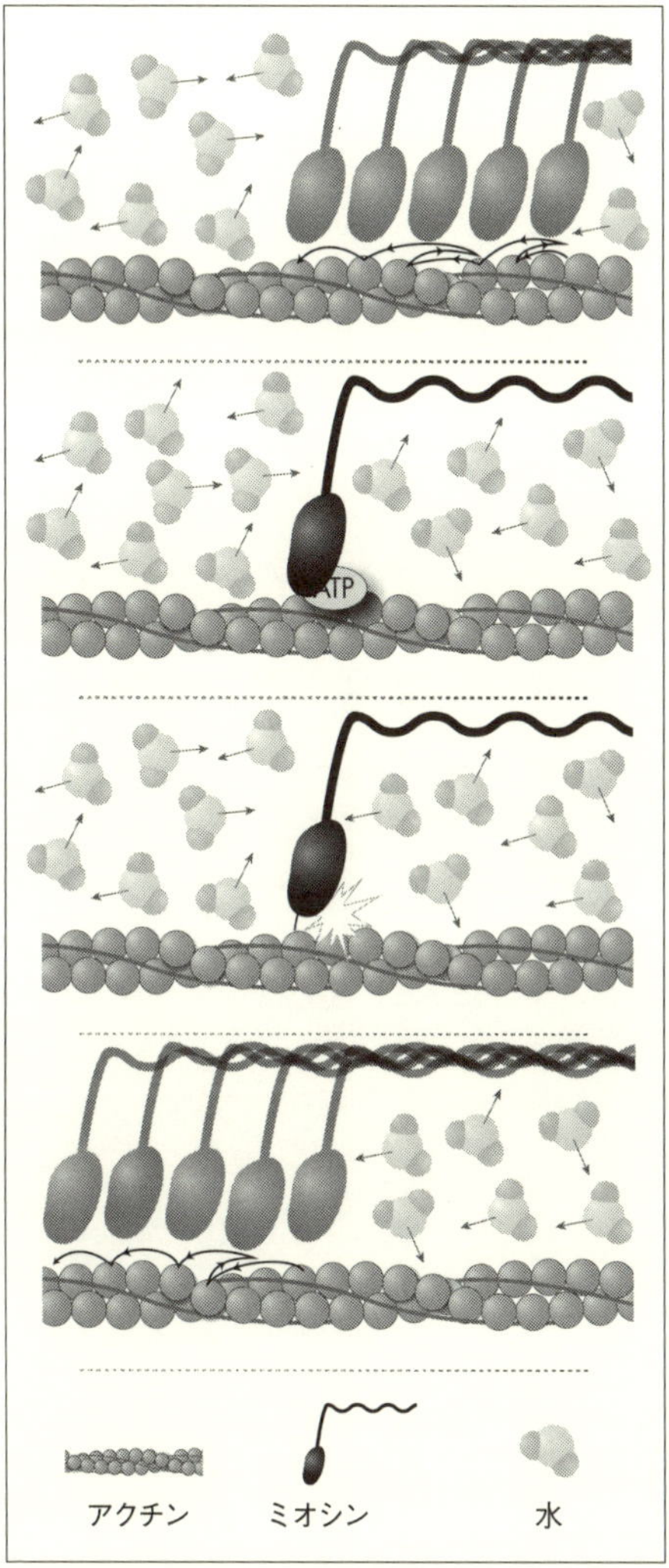

り、それがアクチン分子にくっつくと、ミオシンの微細な動きをリアルタイムで観察できるようになるのだ。

ATP駆動型運動の通常モデルにしたがって、単一のアクチンとミオシンのペアについても、筋細胞内の分子配列に基づく仮説と同じプロセス――ATP結合、エネルギー放出、ミオシンの動き――が見られるだろうと予想されていた。しかし、柳田のチームが見たのはそれとは異なる現象だった。そうではなく、彼らは、ATPを加える前から、水分子の運動エネルギーがミオシンフィラメントに衝撃を与え、それを自由気ままに前後に動かしていることに気づいた――またもブラウン運動である！

そして追加されたATPがミオシン頭部と結合し、さらにミオシン頭部がアクチンと結合する。ATPがエネルギーを放出すると、ミオシン頭部はアクチンから離れ、またはじめから一連の動きをくりかえす。言い換えるなら、ATPエネルギーは精確に適量なのだが、ただし、それは分子を動かすためにではなく、無秩序なブラウン運動に歯止めをかけるために適量なのであり、これによって方向性のある運動が可能になるのだ。このように、人体は複雑系を機能させるために無秩序を積極的に抑制する分子メカニズムをそなえている。

実際、多くの「分子モーター」は、相互作用のエネルギーを水の運動エネルギーからえており、一般的に考えられているように、ＡＴＰのようなエネルギー運搬分子からえているのではない。そのなかには、遺伝子の転写や細胞質中の小器官の動きに関与する分子ペアも含まれている。これらすべての場合において、エネルギー分子からのエネルギー放出は、直接駆動によって分子を動かすためのものではなく、運動エネルギーを実際に供給している無秩序なブラウン運動を制限するためのものである。

生理学では体温の重要性が今、注目されている。生命にとって恒常的に調整された体温がなぜそれほど重要なのだろうか？　それは、すでに見たとおり、体温が下がりすぎると、分子レベルの生理機能に必要な運動エネルギーが不足するからだ。そのとき、われわれの分子は機能的に活動する細胞へと自己組織化しなくなる。それは死を意味する。

反対に、運動エネルギーが高くなりすぎると、秩序ある自己組織化が不可能になる。身体の熱が高すぎると、分子の動きは秩序を失い、無秩序に陥る。必須の構造（脂質二重層など）を保てなくなったり、必須の機能（分子モーター運動）を果たせなくなったりすれば、われわれは死に至る。

きわめて狭い体温の範囲内でのみ、分子の攪拌エネルギーとその無秩序を制限するエネルギーのあいだで生命維持のバランスが保たれる。このバランスによって細胞や身体が生存できる、分子レベルでの安全で恒常的な領域が確保されている。

このような分子レベルでは、身体と世界の境界はどこにあると考えればよいのだろうか？　さきに細胞について考察したときに見たとおり、身体感覚の根拠を、それを構成する物質に求めるという立場をとるなら、身体の境界とはその物質存在の境界であるといえる。

＊　＊　＊

森の奥深く、自然の恵みをたよりに完全な自給自足生活を実現しているひとのことを考えてみよう。このひとは生きるための糧——食料、水、空気などの栄養分子——をすべて、収穫や採集や狩猟によって森からえている。そして、このひとの身体の分子廃棄物（二酸化炭素、汗、屎尿《しにょう》）は再生利用され、単細胞生物からもっとも複雑な樹木や動物に至るまで、森のあらゆる生物の栄養源に還《かえ》されていく。このような森の住人は、ただ森に住んでいるだけでなく、すでに森の一部である。

たとえそれが都市だとしても、人工的な環境で堅固に構築された自然が、人間と世界とのあいだの、密接な相互接続性を隠蔽しているだけにすぎない。われわれは分子（二酸化炭素）を吐き出し、分子（水、フェロモン）を発汗し、分子（屎尿）を周囲の環境に排泄し、そして食物を食べ、吸収可能な分子（タンパク質、炭水化物、脂肪）に分解し、地上の植物群から供給される酸素分子を吸い込み、意図的に（スキンケア製品などを介して）あるいはそれと知らず、日常のなかで皮膚から分子を吸収している。ひとが触れるあらゆるものの表面には潜在的に吸収可能な分子が存在するからだ。

分子は自分の体内にあるときしか自分のものではないとあなたは言うかもしれない。しかし、相補的には、「自分の」分子と自分を取り巻く世界の分子とのあいだには、実は何のちがいもない。それらはわたしのなかから外へ出ていき、外からまたわたしのなかへ入ってくる。分子レベルでも、細胞レベルと同じように、ひとはみな地球上のバイオマス全体と恒久的かつ直接的に連続している。

第6章

原子レベル：ガイア

もちろん、分子は宇宙の基礎物質ではない。それは細胞が宇宙の基礎物質でないのと同じことだ。分子は、水分子、炭水化物、タンパク質、脂肪、呼吸に欠かせない酸素、二酸化炭素、アクチン、ミオシン、ATP、RNA、DNAなどのような集合体を形成するために結合した自己組織化する原子からなる。

細胞や分子と同じように、原子は自己組織化する複雑系の基準をすべて満たしている。それは相互作用する多数の「部分」をそなえており、その相互作用は正と負のフィードバックループ（この場合はすべての化学法則）によって制御される。そして原子や原子の小グループはすべて、システム全体（この場合は原子から構成される分子全体）の状況を監視することなく、ただローカルにのみ動作する。

システム内の抑制無秩序に関していえば、気体や高温の液体中のように、原子が完全にランダムに行動する環境もあれば、角砂糖やダイヤモンドのように結晶のなかに閉じ込められている場合など、原子の行動にランダム性がまったく見られない環境もある。そして、地球の核で渦巻く溶銑《ようせん》のように、原子がカオス系を形成するような環境もある。しかし、それらが化学結合によって相互に化合して分子を形成するとき、われわれは再びランダム性の制限された領域にいることに気づく。構造化された原子軌道における電子の行動、システムの温度と圧力、原子とほかの原子との近接性などにしたがって、特定の原子の組み合わせのみが可能となり、その他の組み合わせは不可となる。原子レベルでは、このようにしてランダム性が制限される。

このスケールのレベルまで見てきた今、われわれの境界はどこにあるといえるだろうか？　身体の細胞のほとんどは絶えず入れ替わる。数年かけて新しくなる細胞もあれば、数日ごとに置き換わる細胞もある。すなわち、人体のほとんどの分子も（それゆえ原子も）また、再生と置換の果てしない反復のなかで、地に還っていくのだといえる。*


*唯一の例外は、分裂しないためにDNAを複製しない細胞内の分子である。このような分子は安定しており、再生利用されることがない。

この観点からすると、ひとはほんとうにこの地球という石ころのうえを動きまわっているといえるだろうか？　もしかしたら、ひとは地球そのもので、原子たちが自己組織化した結果、現れたほんの束の間の存在だというのに、自分たちでは誰もが自立し、自力で生きていると思い込んでいるだけではないだろうか？　ほんとうはこの星に由来する極小の物質からふと生まれただけで、またすぐそこへ還る運命にあるというのに。

探索のスケールが小さくなるにつれ、われわれの境界は外に向かって広がっていく。原子のスケールでは、ひとはそれぞれ自立した個でありながら、同時に、相補的には、歩く地球、話す地球であるともいえる。

この考え方は基本的には、イギリスの生物学者ジェイムズ・ラヴロックがガイア仮説を唱えるのに用いた喩えと同じである。一九七〇年代はじめ、ラヴロックは、論理的かつ科学的に地球自体が一個の生物だと考えられると提唱した。[1]彼のアイディアは多くの人びとから、よく言えばおとぎ話、悪く言えばヒッピーの戯言と見られた。それでも彼は足を止めることなく、地球の有機的（生物的）諸相と無機的（無生物的）諸相が自己制御的で適応的な仕方で密接に結びついているようすをコンピュータモデルによって提示する方法を模索しつづけた。

ラヴロックが、同僚のアンドリュー・ワトソンと共同で開発した最初のガイアモデルは、太陽光と、地表に繁茂する黒デイジーと白デイジーという二種の植物とによって気温の制御がおこなわれる、デイジーワールドという単純な植物の世界だった。このモデルは、太陽光の量が変化しても、有機体の行動によって無機的特性（気温）に恒常的な振動がもたらされる世界像を呈示した。ことばを換えれば、このモデルでは、世界が環境の変化に直面しても、みずから変化に適応し、環境を安定させることができる。

最初に設計されたデイジーワールドはごく簡単なものだった。黒デイジーは、その暗色を利用して太陽光を吸収し、自分を温めることができるため、低温環境での生育に適していた。白デイジーは、太陽光を反射することで自分を低温に保つことができるため、高温環境での生育に適していた。

太陽光の強度に応じて変化する二種のデイジーの個体数のバランスを追跡することで、ラヴロックとワトソンは、デイジー自体が地球の温度を最適な状態に制御していることに気づいた。地表はいつもデイジーで覆われていたが、黒デイジーと白デイジーの比率は変化しつづけた。太陽光が強ければ強いほど、白デイジーがよく繁茂する。その増殖によってやがて世界は転換点に達する。白デイジーが優勢になり、太陽光を地上から反射する白い花が増えるにつれ、世界は寒くなりはじめる。同じように、太陽光が弱くなり、世界が冷えると、黒デイジーが繁茂するようになり、光をとらえる黒い花が増えることによって、世界はまた暖かくなりはじめる。

デイジーワールドは、地球の有機的構成要素と無機的構成要素が連動して、ひとつの自己制御的な生命系として動作しえることを示している。遠くから見るかぎり、デイジーワールドは太陽光の変化を積極的に監視し、気温を安定させるための協調的な対応を取っているかのように見えるかもしれない。しかし、ラヴロックとワトソンは、そのようなグローバルな検知機能やトップダウン式の機制をモデルにプログラムしてはいなかった。この自動制御は、どの複雑系でもそうであるように、純粋にローカルで、ボトムアップ式の相互作用から生じていたのだ。

しかし、デイジーワールドは地球を映す精確で有効なモデルとしてはあまりに単純すぎた。そこには大気もなければ、生物学的多様性もなく、デイジーの死因のトップには、ただ一定の長さの寿命が割り当てられているだけだった。このモデルが現実の地球とはかけ離れたものであることは明白だった。そのため、批判者たちは環境の細部――大気、もっと多様な植物、（草食と肉食の両方の）動物のようなほかの生物など――がモデルに組み込まれれば、デイジーワールドは不安定になるはずだと予想した。

しかし、そうではなかった。システムに組み込まれる生物多様性が高度になればなるほど、デイジーワールドはより安定性を増した。実験を進めれば進めるほど、仮説の正確さは裏づけられるばかりだった。ラヴロックは、洞察力にすぐれた生物学者リン・マーギュリス*の協力をえて――彼女の微生物学の知識が彼の地球物理学の知識を補完した――批判者たちがまちがっていることを証明しただけでなく、ガイア仮説に研究分野としての確固たる位置を与えた。

ラヴロックがはじめてこの仮説を提唱してから数十年を経た現在、ガイアはすでに科学思想の本流となった――気候学や地球物理学を専門とする科学者たちは今、この概念を原動力として未知の領域を探究している。

「原子としての地球」についてのさきの議論は、「ガイアとしての地球」という観点とも合致する。原子は無機的（無生物的）構造体であるが、すべての有機的構造体は、すべてのスケールにおいて非常に複雑な自動制御モードを通じて原子から生じてくる。最終的には、ちょうどひとの身体が地に還るのと同じように、すべての有機的構造体も、生と死の循環プロセスを経て原子レベルの無機的領域へ還っていく。

*マーギュリスは、ラヴロックとの共同研究をはじめるまえから、生物学の専門領域ですでに型破りな研究者として知られていた。彼女が確立した細胞内共生理論は、細胞小器官がどのようにして細菌どうしの融合から生じたかを説明するものである――細胞に飲み込まれた生物が、自分を飲み込んだ細胞内でミトコンドリアや葉緑体になったというのだ。ガイアと同様、この理論ははじめのうち嘲笑され、否定されたが、今では進化生物学の支柱となっている。

つまり、有機物と無機物は別のものではない。両者は互いに排他的ではない。どちらも生きている地球の全体を構成する相補的な部分なのだ。

これらの抽象的な概念がはじめて直感的なかたちで目のまえに立ち現れたときのことを、はっきりと覚えている。二〇一一年、わたしは火星探査機キュリオシティから地球に送られてきた最初の映像を見ていた。画面に映し出される火星の風景に心をうばわれながら、数十年にわたる献身的な研究によってキュリオシティを火星に送ることを可能にする技術を作り出したNASAのすべてのエンジニアたち、科学者たちのことを考えていた。それは、一九六九年に一〇歳だったわたしが白黒テレビで月面着陸の中継放送を見ていたときに感じたのと同じ興奮だった。あの子どものときと同じように、彼ら科学者たちの個人的・集団的な創造性に思いを馳せ、深い感銘と畏敬を覚えた。人類の科学的成果の可能性に対する興奮と誇りで胸がいっぱいになるのだった。

複雑性が明らかにするのは、これとは異なる、人間中心的ではない観点である。相補的にとらえるなら、たとえば、これは、地球の原子が過去三五億年をかけて隣のきょうだい惑星である火星に手を伸ばしてその肩にさわろうと、ゆっくりと自己組織化してきた結果であると考えることもできるだろう。

そして、もし火星の未知の片隅や、どこかほかの星を周回するはるかな惑星系で、原子が今も生物へと自己組織化しているのだとしたら、彼らもいつか地球のほうへ手をさしのべてこないともかぎらない。いや、もうわれわれの肩に手をのせているのかもしれない。

第7章

素粒子レベル：量子ストレンジネス

細胞や分子と同じように、原子もまた基礎物質ではない。それは陽子、中性子、電子のような自己組織化する亜原子粒子からできている。また、これら以外の亜原子粒子からなる原子も存在する。素粒子物理学の標準模型によれば、原子という、この物質界を構成する材料は三〇個の素粒子からできている。*

これら基本粒子には、電荷を持つ電子であるレプトンや、ほとんど妨げられることなく宇宙全体を動きまわる質量のない粒子であるニュートリノなどがある。ほかにも原子核内の陽子と中性子を結合する強い力を伝達する中間子、陽子と中性子を構成するクォーク、それぞれの粒子内でクォークを結合する、これも強い力の伝達体であるグルーオンがある。ボソンは、ウランや、太陽の熱源である核融合に見られるような原子核崩壊にかかわる弱い力を伝達する粒子である。また、おそらくもっともよく知られるものに、質量の性質に関与する、いわゆる神の粒子、ヒッグス粒子がある。ヒッグス粒子は、標準模型において予想された粒子のなかで最後に発見されたもので、標準模型との整合性が確認されたのはほんの数年前のことである。

さきに見た分子や原子と同様に、これら三〇個の基本粒子も複雑性の規則に合致している。だから、このスケールのレベルにも抑制無秩序の姿を求めて、量子力学とそれが予想する奇妙な現象に目を向けることにしようと思う。波動・粒子の二重性を裏づける「二重スリット」実験は、その結果が示す奇妙さによって、とくによく知られている。

電子（または光子やその他の亜原子粒子）ビームをスクリーンに照射すると、スクリーンが輝く。すべての粒子が同じ方向に進む焦点の厳密なビーム（光子の場合はレーザー）は、精確に限定されたドットをスクリーン上に形成する。ビームの焦点が甘いと、粒子が

＊標準模型における素粒子の種類は数え方によって異なるが、三〇個とする考え方が一般的である。ただし、この模型が不完全であることは、推定粒子である「ダークマター」がこれに含まれていないことからもわかる。ダークマターは重力効果によって物質と相互に作用しあうため、銀河の動きからその存在を推測することができる。ダークマター粒子は、電磁気、強い力・弱い力、人間の知覚、望遠鏡のような装置によってまだ直接検出できていない。それゆえ、われわれにとってそれはまだ「闇《ダーク》」のなかにあるといえる。

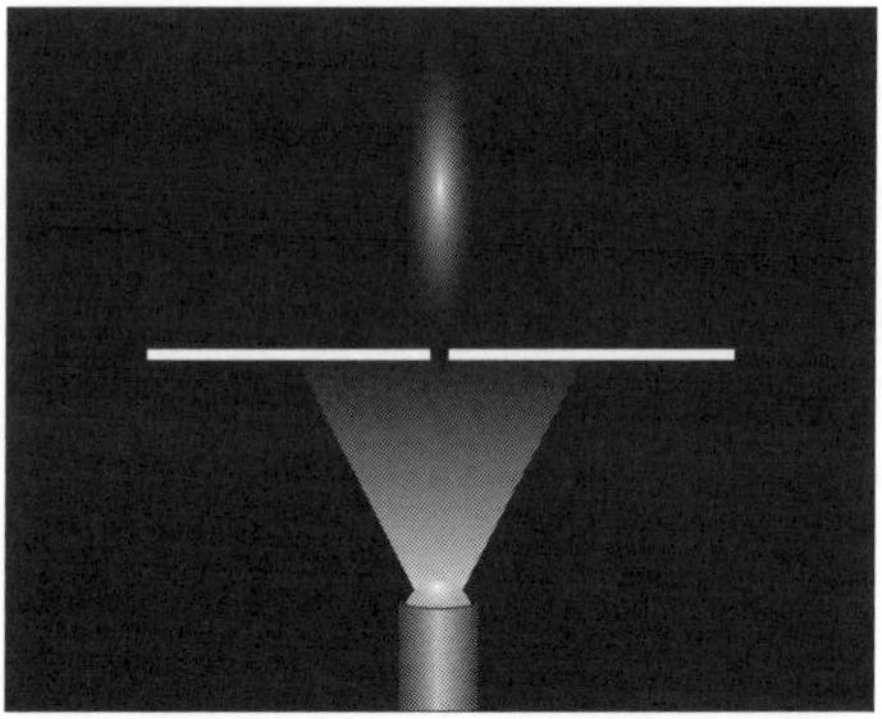

広範囲に拡散するため、ドットはその分ぼんやりしてしまう。ただし、理論上、ひとつひとつの電子が微小な銃弾のようにふるまうのを見きわめ、プロジェクターからスクリーンまでの経路を仮想できれば、それがどこに当たるかを予測するのは難しくない。

次にプロジェクターと光が当たる遠くのスクリーンのあいだに、もう一枚スクリーンを立ててみる。中間のスクリーンに垂直のスリットを入れ、ビームの焦点を厳密でなくした場合、プロジェクターの光は、その一部だけが遠くのスクリーンまで届くが、ほとんどはさえぎられることになる。向こう側のスクリーンに光がどのように現れるかは容易に想像がつく。光は縦棒状になり、粒子がきれいにそろえば明るく見え、焦点が甘ければぼやけて見えるだろう。

中間のスクリーンのスリットを二本にすれば、当然、光の棒は二本になる、だろうか?

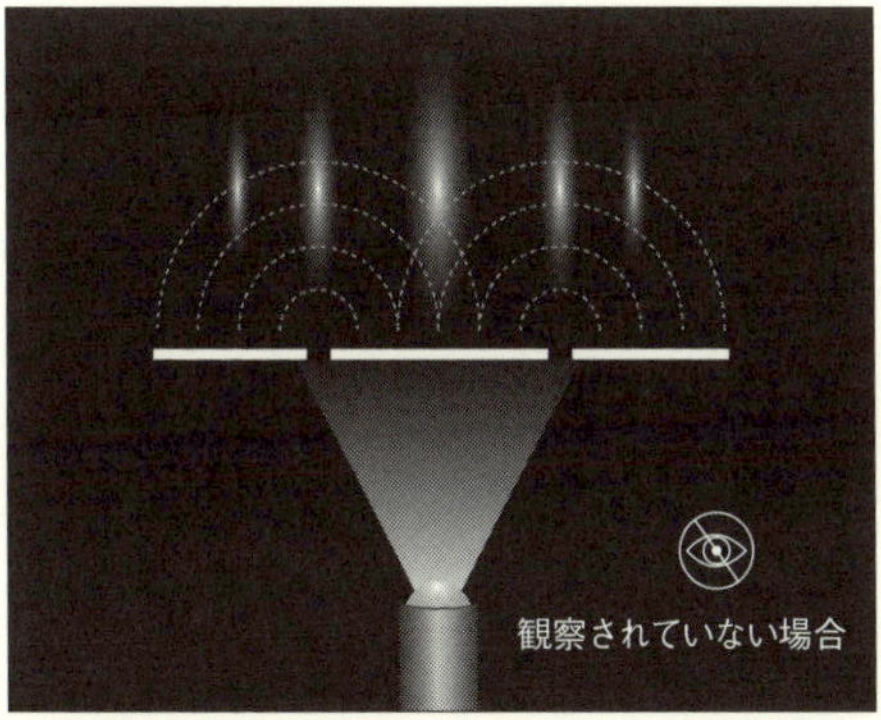

ところが、そうはならない。これが量子の奇妙な世界だ。最初のスクリーンの二重スリットを反映した二本の縦棒ではなく、**回折パターン**と呼ばれるものが現れる。それはすべて二本の垂直スリットに対して平行な連続する複数の線である。中央の線がもっとも明るく鮮明だ。その両側の線は、端へ向かうほど暗くなり、ぼやけていく。明るい線と線のあいだは真っ暗だ。どうしてだろうか?

池の岸に立ち、水面に小石を投げるとする。小石が水面にぶつかったところから円形の波紋が広がり、広がった波紋が池の向こう側の岸にぶつかる。波は、水位がもっとも高い山の部分と、低い谷の部分が交互に現れることで定義される。二つの小石をそれぞれ少し離れた場所に投げ込むと、山と谷はやはり向こう側の岸にぶつかるが、それらが重なり合い、互いに**干渉する**場所には、回折パターンが現れる。二つの波の山が結合して、重なり合うところはより大きな山になる。谷と谷が結合して、重なり合うところはより深い谷になる。その中間の、山と谷が出合うところでは、両者は互いに打ち消しあう。このことから、二重スリット実験で何が起きているかがわかるだろう。ビームは粒子らしく弾丸のようにはふるまっていない。波のようにふるまっているのだ。

どういうことだろうか？

スリットが一本しかないとき、ビームは粒子のようにふるまっていた——遠くのスクリーンを撃ち抜く弾丸のように。ただし、スリットが二本になると、ビームは突然、波のようにふるまいはじめる、ということだろうか？　どうしたらそんなことになるのか？

これは粒子が**全体として**波を作り出すためではないだろうか？　結局、水が作り出す波はH^2O分子からできているのだ。H^2O分子が集まって潮汐《ちょうせき》の動きを生じるのと同じように、粒子は何らかの仕方でひとつの波となって動くのかもしれない。もしかしたら実際には矛盾はないのかもしれない。

一度に一個の電子を放つことによってこの仮説を検証するのは難しいことではない。そうすることで、ひとつひとつの電子が弾丸のように右か左か、どちらかのスリットを通過し、それらが蓄積されることで、結果として向こう側のスクリーンには二本の線だけが現れるという予想が成り立つ。この場合、膨大な数の粒子が全体として作り出す波の動きである回折パターンは現れないだろう。

ところが、そうはならないのだ。一度に一個の電子を照射するという、この実験方法の場合も、二本の線ではなく、やはり回折パターンが現れるのだ！

それはあたかも、電子ひとつひとつが最初のスクリーンのスリットまで来ると、波となって広がり、両方のスリットを同時にすり抜け、向こう側のスクリーンで電子**それ自体**と干渉しているかのようだ！　ここで何が起きているのか、詳しく見る必要があるのは明らかだ。

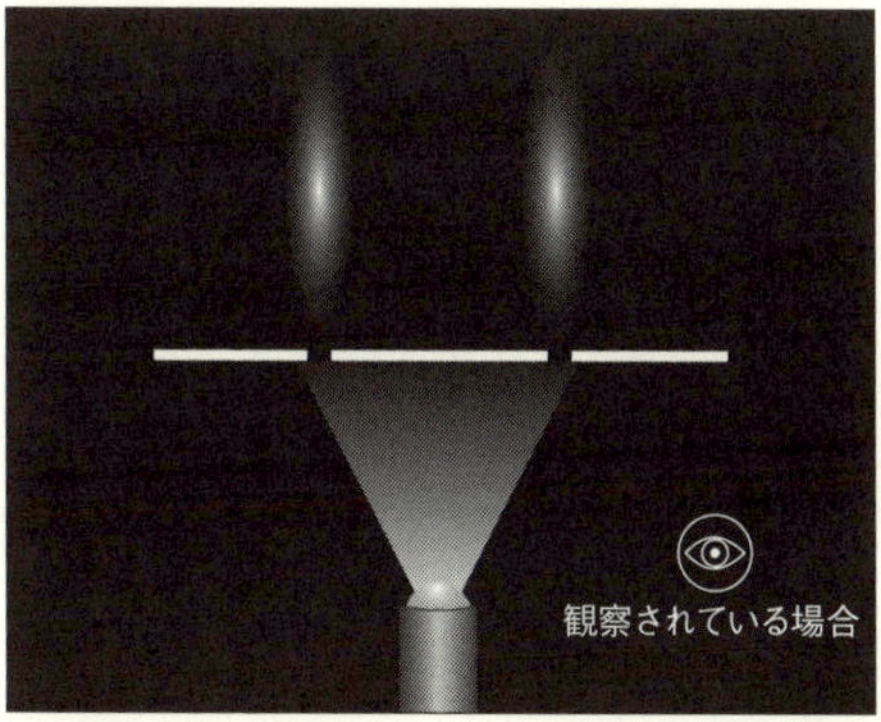

そこで実験方法を変えてみる。それぞれのスリットに検出器をつけて、電子が通過するときに何が起きているのかを観察してみよう。電子は一度にひとつのスリットをすり抜けるのだろうか、それとも二つともすり抜けるのだろうか？
ところが、事態はさらに混乱をきたす。ひとつひとつの電子を観察する検出器がある場合、それは弾丸のように二つのうちどちらかのスリットを通過するだけである。この実験方法では回折パターンは見られず、

はじめに予想したとおり、向こう側のスクリーンには二本の明るい線だけが現れる。しかし、検出器をオフにしたとたん——電子の観察がおこなわれなくなった瞬間——電子は波のように二つのスリットをすり抜ける動きを再開し、向こう側のスクリーンには再び干渉縞が生じる。

どうしてもどちらかなのだ。検出器がオンのとき、電子は銃弾になり、二本の棒線が現れる。検出器がオフのとき、電子は波になり、回折パターンが現れる。

これが波動・粒子の二重性である。光子でも、電子でも、その他のどの量子スケールの実体でも同じことだ。そこに粒子性が現れるか、波動性が現れるかは、それをどう観察するかによって決まる。

そういうわけで、われわれが「亜原子粒子」ということばを口にするとき、実際には、その表現はものごとの半分しか言い当てていない。このことは日常のスケールでの経験を説明するのに用いられる言語の限界を示している。量子スケールでは、日常の経験からえられる直感は役に立たないのだ。その二重性を言い表すために「波粒子《ウェイヴィクル》」という不格好な造語を無理矢理ひねり出してみるというのも、ひとつのやり方かもしれないが、どうあがいたところで、このようなプロセスを日常言語で十分にとらえることはできそうもない。

つまり、それを正確に説明するには数学の言語が必要になるわけだが、ようやくその正確さにたどり着いたとしても、事態はさらに混乱をきたすことになる。

量子物理学の基礎を築いた研究者のひとり、エルヴィン・シュレーディンガーは、粒子の波動的性質を**波動関数**と呼ばれる数式によってとらえた。この関数が明らかにしたのは、仮にひとが観察しているとしたら、粒子が見える**可能性がある**のは空間内のどこかを表す波動的**確率**を、スクリーン上の干渉縞が実際に反映しているということだった。

ひとが見に来るまでは、電子はあたかも、確率の高低を表す波動の山と谷を交互にくりかえし、空間全体をぼんやりと染めているかのように見える。ところが実際にひとが見に来ると、電子は粒子として明確な場所を占めている。この奇妙な現象は「波動関数の収縮」と呼ばれる。

波動関数は、量子スケールでの抑制無秩序であると考えられる。シュレーディンガーの波動方程式は、電子がもっとも存在しそうな場所（まさにわれわれの目のまえにあるこの原子の軌道上）から宇宙のはるかな果てへと離れていくにつれて山と谷の振幅が次第に減少するようすを表している。これは、ボートの航跡を見ればわかるとおり、波の振幅が外側へ広がるにつれて小さくなるのと同じことである。したがって、電子が存在する可能性のある場所は完全にランダムというわけではない。ランダム性は制限されている。

このことを表現する方法はもうひとつある。**場の量子理論**のことばで語ることである。

ここまでわれわれはまず粒子によって量子の領域を素描し、それがある条件の下で波として現れるようすを描き出してきた。その見方を変えて、もし波動性を出発点としてとらえたら、どうなるだろうか？　その場合、量子スケールの実体は、波動状態のエネルギー**活性化**が生じる宇宙サイズの場であることになり、これがもっとも顕著になるのが、波動の極小単位を構成する一個の**量子**《クァンタ》*である「粒子」を、正しいツールを用いて検知できる領域においてである、ということになるだろう。このように考えれば、もはや「ローカル」と「グローバル」の区別はなくなる。量子の領域では、あらゆる部分――宇宙規模の波動の場――は全体と等しく、すべてはすべてに対してローカルである。

この**非局所性**《ノンローカリティ》と呼ばれる奇妙なアイディアは、量子系だけにみとめられる刻印のひとつであり、アルベルト・アインシュタインを落胆させた特徴のひとつでもある。彼がはじめて呈した量子物理学についての疑問は、それが確率に依存していることに関するものだった。彼は、それはこの理論に何か大きなまちがいが潜んでいるからだと感じ、よく知られるように、神は宇宙と「サイコロ遊びをしているのではない」ということばで自身の考えを表した。[1]

彼はまた、一九三五年の共同研究の内容に関連して、この「グローバルはローカルである」という考え方を「不気味な遠隔作用」であるとして批判した。[2]　アインシュタインが物理学者のボリス・ポドルスキーとネイサン・ローゼンとともにおこなった思考実験――三人の名の頭文字を取ってEPRパラドックスと呼ばれる――でのことだった。EPRパラドックスは、量子論が不可能性を導き出すことを実証する試みであり、これによって彼らは、量子論が何らかの仕方で決定的にまちがっていることを証明できると考えた。彼らは基本的な量子原理から推論して、単一の量子的事象――核子崩壊のような――から二つの粒子が生じたとするなら、量子論によれば、これら二つの粒子は「もつれている」、すなわち、それらが互いに宇宙の果てから果てほども遠く隔たっていたとしても、同一の量子特性を持っていることがわかると言わざるをえないと結論したのだ。

この結果がほんとうなら、それは瞬間的コミュニケーション――ある粒子の（運動量や位置のような）ある特性を測定すると、瞬時に同じ結果が遠く離れた別の粒子にも現れる――以外の何ものでもない。アインシュタインの特殊相対性理論は、光の速度は一定であり、それを超えることはできないとして、宇宙における瞬間的コミュニケーションの可能性をすでに排除していた。このように瀕死の量子力学は、EPRパラドックスの手によってやすらかな死を与えられたかのように見えた。

＊これが量子《クァンタム》物理学という名の由来である。

しかし、アインシュタインの願いをよそに、ＥＰＲパラドックスを評価する実験が実際におこなわれ、もつれと非局所性が真実であることが証明された。* アインシュタインの「批判」は、どんなに奇妙に見えようと量子論が一貫しているということを証明する役割を果たしたにすぎなかった。ただ、ひとつの考え方として、もつれた「粒子」はけして互いに離れているのではなく、量子場にあるのだから、つねに完全に重なり合っており、われわれがそれらを個別の粒子としてとらえる場合だけ、「非局所的」に粒子の姿をとるのだということはできる。

この非局所性に関してもうひとことつけ加えるなら、この量子レベルのスケールでは、われわれの身体の境界は、原子レベルで想定されていたガイアのスケールよりもさらに大きくなったというだけでは足りない。それはすでに宇宙の果てにまで広がっている。ようやく無限の身体のレベルまで来たようだ。

意識とコペンハーゲン解釈

すぐれた量子物理学者リチャード・ファインマンは「量子力学を理解しているひとはひとりもいないと言ってよいだろう」と言った。[3] われわれの日々の経験から導き出される「常識」の観点からすれば、量子論の深い意味を理解するのが並大抵でないことは明らかだ。二重スリット実験の結果が、意識的な観察がおこなわれているか否かに依存するというのなら、日常のあらゆる物体や過程が究極的には量子スケールの事象で構成されている以上、それはすなわち、いかなる物質的存在も確実な固体性をそなえていないことを暗示しているとも考えることができる。ある状況について結果を測定する意識的な観察者が投げかける視線から独立した「外部世界」が存在しないなどということがありえるのだろうか？　この問題こそ、アインシュタインにとって何よりも悩ましいものだっただろう。

アインシュタインに宛てた手紙のなかでシュレーディンガーは、この問題を効果的に要約した。[4]「シュレーディンガーの猫」として知られるこの思考実験は、量子的世界が日常の古典的世界とどのようにつながっているのかを探ろうとすると、たちまち平凡な状況が奇妙なものに姿を変えることを示している。

箱のなかに一匹の猫と毒ガスの入った小瓶がある。箱には、ゆっくりと崩壊する放射性同位体の制御下にあるハンマーが設置してある。実験中に同位体が崩壊すると、ハンマーが落ちて小瓶が割れ、ガスが放出されて猫は死ぬ。同位体がまだ崩壊していなければ、ハンマーは作動せず、猫は生きている。

＊二〇二二年のノーベル物理学賞は、この研究によりアラン・アスペ、ジョン・F・クラウザー、アントン・ツァイリンガーに授与された。

このようにしてあらゆる量子効果のなかでおそらくこれ以上ないくらい奇抜な、**重ね合わせ**の概念が生まれた。二重スリット実験では、光は波なのか粒子なのかが問われた。そして観察方法が選択され観察がおこなわれるまで、ビームにおける波の性質と粒子の性質は重ね合わされたまま決定されず——意識的な観察者が観察をおこなうまで、すべての潜在性が把持《はじ》されていることが明らかになった。ビームが波か粒子か、どちらであるかが明かされるのは、そのあとのことでしかない。

　猫の実験についていえば、放射性崩壊は、これも量子現象である以上、観測される瞬間まで——崩壊した状態と崩壊していない状態とは重ね合わされて——不確かなままである。同位体が崩壊したかどうか、箱を開けるまでわからないのだから、猫の生死についても、箱を開けてみないとわからない。同位体のありえる二つの状態が重ね合わされているだけでなく、猫もまた、箱を開ける瞬間まで、死んでいるのと生きているのと両方の状態が重なり合ったまま存在する。このとき、量子の不気味さは量子の世界だけにとどまらなくなる。日常の世界もまた、意識的な観察者によって知覚されるときだけ「そのように見える世界」になる、そんな不気味さをもはや免れることができない。この実験（猫がほんとうに殺されるわけではないので、ご安心を！）に関しては、これが量子スケールを超える物体についての仮説でないことが明示されているが、すでに同じことは高分子についても実証されている。やがてウイルスや細胞などより大きな実体についても、同様の実験がおこなわれることだろう。

このように世界は可能性、すなわちカウフマンの隣接可能性によく似た可能性でできている。われわれの精神が世界に関心を抱き、まなざしを向ける瞬間と方向を選ぶとき、世界はその姿を現す。

このような不気味さから逃れられない量子力学の立場——ニールス・ボーア、ヴェルナー・ハイゼンベルク、それにつづく研究者たちの多く、さらにはマックス・プランクやシュレーディンガー自身とその同僚たち、こうした量子物理学の基礎を築いた人びとが共有する考え方——は、ボーアの故郷にちなんで、コペンハーゲン解釈と呼ばれている。

ただ、コペンハーゲン解釈をみとめないひとは多い。アインシュタインはもっともよく知られた反対者のひとりだ。わたしはこれをみとめている。なぜみとめるようになったのか、それを明らかにすることが、これからはじまる意識をめぐる物語の大きな目的のひとつである。

＊　＊　＊

科学が進歩するにつれ、人間の精神はつねに自分の存在の優位を譲歩しつづけてきたといえる。コペルニクスは地球ではなく、太陽を世界の中心に据えた。その後の天文学の探究によって、太陽は天の川銀河にある膨大な数の星のうちのひとつで、その天の川銀河でさえ宇宙全体ではなく、時空に広がる無数の銀河のうちのひとつにすぎないことがわかった。また、ダーウィンは、ヒトはそれだけでは種でさえないことを示した。ヒトが自分のことを、泳ぐもの、駆けるもの、這うもの、飛ぶもののひしめく世界のてっぺんにいると考えているとしたら、それはとんでもないうぬぼれで、実際には、ただ鏡*のなかを覗きこみ、自分のことを選ばれしものと錯覚し、何とか頭ひとつでも混沌たる生物群から脱け出そうとしている、ほかと同じ動物にすぎなかったのだ。

このような科学思潮のなかで、二〇世紀はじめのコペンハーゲンの教室や研究室では、精神*を存在の中心に戻すという運動が推し進められた。量子物理学は、実験や観察対象や観察の結果えられた現実の性質から、観察者の主観を分離するのは不可能であることを明らかにした。プランク自身、次のように明言している。「わたしは意識を根源的なものとしてとらえている。物質は意識から派生したものだと考えている。われわれは意識に遅れることができない。われわれが話すあらゆること、存在すると見なすあらゆるものが意識を前提としている」[5]。

*ちなみに鏡に映るのが自分であることを認識できるかどうかを試す、いわゆるミラーテストに合格しているのはヒトだけではない。バンドウイルカ、シャチ、ボノボ、オランウータン、チンパンジー、アジアゾウ、ユーラシアカササギのほか、ソメワケベラという魚も合格している。

*人間の精神だけにかぎらない。

第8章

すべてのレベル：時空と量子泡

もしあなたもわたしと同じ考えなら、スケールをもっと下へ降りていけないものかと考えているにちがいない。標準模型の三〇個の亜原子粒子はほんとうに基礎物質なのだろうか？　これらの亜原子粒子も、もっと小さな部品からできているのではないだろうか？だとしたら、最小スケールはいったいどのようなものなのだろう？

物理学者たちはこれらの問題のうち、いくつかに関しては見解の一致を見ているが、まだ結論の出ていないものもある。しかし、宇宙は「ずっと下まで亀」――より小さなサイズへの無限後退――ではないということには誰もが同意している。一八九九年にマックス・プランクは、時間と空間の最小単位が存在し、それを超えてさらに小さな部分へ後退するのは不可能であることを解明した。プランクは、存在の諸相のあいだの基本関係を表す一定不変の数値である、すでにみとめられている数学的定数から以下の単位を導き出した。

光の速度：相対性理論の基礎となる定数。

彼自身の定数（のちに「プランク定数」と呼ばれる）：電磁放射線の一個の量子（一個の光子）のエネルギーをその振幅数に関連づけるもの。

ニュートンの重力定数：重力の方程式（アインシュタインの方程式にも表れる）において質量と距離を関連づけるもの。

ボルツマン定数：気体の運動エネルギーをその熱力学的温度に関連づけるもの。

距離と時間に関する最小単位はそれ自体が定数であるため、これらは「プランク単位系」として知られるようになる。

距離の最小単位、いわゆる「プランク長」は、およそ10^{-35}秒メートル（一〇億分の一〇億分の一〇億分の一〇億分の一メートル足らず）である。光がこの距離を移動するのにかかる時間が、時間の最小単位「プランク時間」で、およそ10^{-43}秒（一兆分の一兆分の一兆分の一〇億分の一〇億分の一秒余り）である。これらの数値は、**時空**の性質、すなわちアインシュタインが一般相対性理論で解き明かした宇宙の構造にとってだけでなく、宇宙の複雑性を探究しようとするわれわれにとっても意味を持つものである。

一般相対性理論におけるアインシュタインの達成は、「宇宙」の性質の基本概念を大きく変えた。アインシュタイン以前には、惑星、恒星、銀河などが移動する宇宙は真空（完全なる空）であると考えられていた。科学者たちは、この星間および銀河間の広大な空間は、虚空に広がる電波源から飛び出しては流れ去る光子、ニュートリノ、その他の気まぐれな亜原子粒子を除けば、ほとんど空《から》であると考えていた。この観点からすると、重力とはどんなもので、どのようにして宇宙に広がったと考えられるだろうか？　それはちょうど電磁波のような、このからっぽの空間を通り過ぎる力であると見なされた。

アインシュタインはそうではないと気づいた。空間は空虚でも無でも真空でもなかった。三次元の空間と四番目の次元である時間こそ、宇宙の構造にほかならなかった。「からっぽの空間」など存在しなかったのだ。この立場からすれば、重力はもはや、互いに引き合う、質量を持つ構造のあいだに広がる何もない空間を移動しているとはいえなくなる。そうではなく、重力は、質量を持つ物体によって引き起こされるこの四次元構造の曲率なのだった。一般相対性理論が描き出したのは、空間を伝播する重力ではなく、空間の、より正確には時空の曲率だった。

ここまではよかった。しかし、やがて量子力学と相対性理論との根本的な両立不可能性が明らかになる。一般相対性理論におけるアインシュタインの方程式では、時空は滑らかであると見なされている。しかしながら、プランクの推論は、それが滑らかではないことを示している。滑らかなものはつねにより小さな単位に分割可能だが、プランク長とプランク時間は、時空が実際には粒状であることを示している。この両立不可能性が明らかになったのは、前世代の物理学者たちがこの二つの正確で有用な、すぐれた理論をひとつの「万物の理論」に統合しようとしたときのことだった。相対性理論が関与する現象のスケールに量子領域の数学を適用したり、その逆のことをおこなったりすると、無限の質量とか無限の体積とか無限の速度とかを持つ物体が宇宙に含まれていなければならないというような、ありえない結論を導き出すことになる。有限の実体からなる有限の宇宙において、無限の結果を出しつづける方程式などありえない。きっと何かがまちがっているのだ。

アインシュタインの一般相対性理論では、重力は物体の質量による時空の歪みから生じる。別の物体が近くを通り過ぎるとき、物体は時空の構造に生じる曲面に沿って動かなければならないため、より重い物体の重力の影響を受ける。

そして万物の理論を追究するうちに、相対性理論が想定する時空の滑らかさは、大きなスケールでだけ機能する近似にすぎないことが明らかになる。量子の領域では、時空は滑らかではない。たとえ光子やニュートリノの去来から隔絶された場所が、銀河のかなたに見つかる可能性があるとしても、**量子ゆらぎ**は広大な時空のどこででも起きるのだ。

数多くの実験結果によって確認されているとおり、時空は必然的にエネルギーのゆらぎが生じやすい領域である。さらに、方程式 $E = mc^2$ で表されるエネルギーと質量の等価性のために、このエネルギーは絶えずほとばしり、クォーク、レプトン、ボソンのような標準模型のさまざまな質量に変化する。*

通常、量子エネルギーは物質と反物質のペアになる。たとえば、対立する電荷を持つ、電子（物質）と陽電子（反物質）は、同じ瞬間に出現し、接触するとたちまち対消滅し、質量を純粋エネルギーに変換する。したがって、時空の量子ゆらぎは、絶えず沸き立ち、攪拌されるエネルギーの**量子泡**を作り出し、泡立って質量を持つ実体となり、爆発してエネルギーに戻る。[1] リチャード・ファインマンは、このことについて、「生まれては消え、生まれては消える――何という時間の無駄だ」と書いている。[2]

しかし、それはけして無駄ではないのだ。これらあらゆる実体のうちで最小のものたちは、ときに物質と反物質の出合いによる対消滅を免れ、質量を持つ実体のままとどまり、

＊標準模型と場の量子理論のほかにも、最小の量子実体を記述する理論があり、それらの多くは量子力学を相対性理論と統合しようとする試みから生まれている。有力なものには「弦理論」のかすかに振動する弦や、「ループ量子重力理論」の、時空の粒状性による連結ループがある。

量子力学と一般相対性理論では時空の見方が異なる。アインシュタイン方程式が近似であるため、遠くから見ると（図の底面）、時空は滑らかに見える。しかし、スケールを拡大してどんどん微小なレベルに降りていくと、時空の滑らかさと見えていたものは不連続性とエネルギーの乱流に姿を変える。これが最小のプランク・スケールに現れる量子泡である。

ほかの実体と相互作用する自由をえることがある。これらの相互作用は、ほかのすべてのスケールのレベルにおける相互作用がそうであったように、創発構造を生じ——亜原子粒子となり、より複雑な亜原子粒子は原子に、あるいは分子になる。そして、これらが自己組織化し、恒星となり惑星となり、銀河となり、宇宙とそれが内包するすべてのものとなる。

世界はこのようにして、宇宙の時空構造内に沸き立つエネルギーの放射として生まれてくる。

こうして存在のほんの小さな片隅——量子泡や時空——までくまなく探してきたわけだが、それ自体が固有の実体からなる物体は、結局、どこにも見つからなかった。

身体は細胞からできており、その細胞は分子から、分子は原子から、というようにして量子の領域にたどり着く。もっとも小さいスケールであるプランク・スケールの、森羅万象のうち最小の生成物は部分なき全体であり——存在するが存在せず、実体的だが実体的でなく——時空から生じ、幻像のようにまた時空へ溶けていくだけだ。**あらゆるものがもののように見える**のは、ただそれをそれ固有の見晴らしのよい場所——全体としてそれが「それ」らしく見えるスケールのレベル——から見ているためにすぎない。そのスケールのレベルを超えると、それが引き起こすより高いレベルの創発特性によってそれは視界から隠される。そのレベルより下では視界から消え、それが生じた活発な現象のなかへ去る。これらの実体はどれも、物質的で実体的で確固たる何ものかであるような外観にみずからを包み隠しているが、その外観はきわめて限られた視点からしか検証できず、必然的にほかのあらゆる視点を排除する。

それゆえ、宇宙はからっぽの箱ではない。けして銀河が宙吊りにされている広大な空間などではない。ひとは自分が宇宙の**なか**で考え、生きている自立した存在だと思いこんでいるが、相補的に見れば、ひとは宇宙に住んでいるのではなく、それを**具現**しているのだととらえることもできる。ちょうど、われわれは習慣として**地球上に生きている**と考えているが、相補的に見れば、われわれは**地球だ**ともいえるのと同じことだ。なるほどひとりひとりひとはちがうのかもしれない。しかし誰もみな同じように宇宙の時空構造から量子泡を介して生まれ、やがて時が満ちれば、また同じようにそのなかへ消えていくのだ。

自己組織化する宇宙のホラルキー

ここまでの理解によれば、どの部分のなかにも全体を含むこの宇宙とは、巨大な自己組織化する複雑系、つまり……あらゆるものへの創発特性にほかならない。この複雑性の分析は、時空構造の量子力学的極小部分から相対性理論で説明される大宇宙全体に至るまで、一切を射程に収めているように見える。量子力学と相対性理論の矛盾を、真の、数学的な万物の理論によって解くことこそかなわなかったが、二つの理論を分かつ甚だしいスケールのちがいを飛び越え、両方を包括する綜合的な枠組みは、すでに作り出されている。

この枠組みを何と呼べばよいだろうか？　それは意外に難しい問題だ。われわれはこれまで、気の向くままに「最大から最小へ」か「上から下へ」かどちらかの仕方で、あるスケールのレベルからひとつずつ「下へ」移動しながら、身体を分析してきた。また、創発特性の発生を「ボトムアップ」式のプロセスとも呼んだ。これらのことばはすべてヒエラルキーを暗示するものであり、これまでの分析で、このたぐいのことばをさまざまな場面に用いてきたことも事実だ。しかし、ほんとうはそれらを「ヒエラルキー」と呼ぶのは正確でない。

ほんとうの意味でのヒエラルキーの構成メンバーは互いに排除しあい、ヒエラルキーのほかのレベルには現れず、ただそれが属するレベルにのみ現れる。しかし、複雑性理論では、レベルとレベルのあいだに不思議な滲《にじ》みが存在する。何かを特定のスケールに局所化《ローカライズ》できるのは、ただそれが単一の確固たる実体であるように見える視点からだけだが、現象としてのあらゆる実体は、すべてのスケールに広がっている。このようなシステムをヒエ

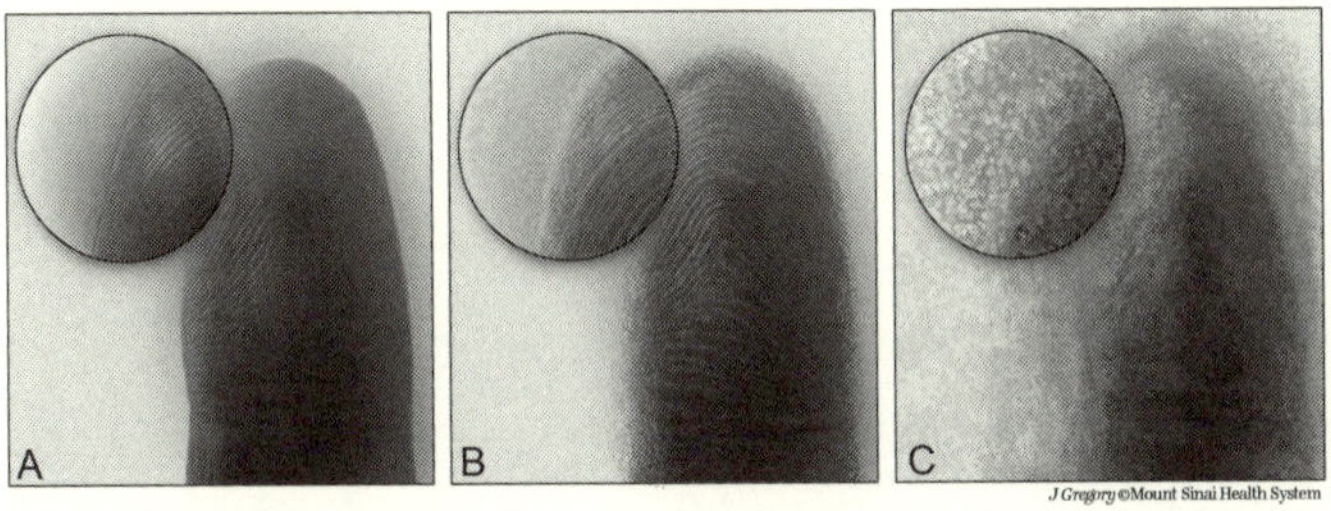

ホラルキーとしての身体。ここに示したのは、指に関する3つの異なる視点である——日常のスケール（A）、細胞のスケール（B）、分子のスケール（C）。視点は「大きい—小さい」あるいは「高い—低い」といえる。しかし、そこにあるのはただひとつの物体、ただひとつの全体である。

ラルキーと呼ぶなら、それは相補性の概念とも矛盾することになる。なぜなら、相補性においては「異なるレベル」は互いに分離されているのではなく、ひとつの全体として——織り込まれ、融合されているからである。

ホラルキーということばがある。これは作家・科学哲学者アーサー・ケストラーによる造語で、ここで言わんとするようなものを指すのに使われてきた。[3] ホラルキーは、高い・低い、上・下、左から右・右から左の観点では相互に関連しない諸要素からなるシステムである。ホラルキー（ホロン）のメンバーはつねにほかのすべてのメンバーと等しい。光は波動であり粒子であると言われるとき、光の一方の側面が他方より優先されることはない。さらにいえば、日常のスケールでは、ひとは光をそのうちのいずれとしても経験しない——ただそれを光として経験するだけだ！

また、ここまでは複雑性の宇宙観を素描する必要から話を簡略化してきたわけであって、ほんとうは、ひとの身体は「高いレベル」では固体だったり、「低いレベル」では細胞だったりするのではないし、「もっと低いレベル」では分子であるというのでもない。そうではなく、身体はホラルキーとして、ある観点からは固体として、別の観点からは細胞の共同体として、また別の観点からは分子の雲として現れるというべきである。

宇宙が単一の、自己組織化する複雑系の巨大なホラルキーであるなら、部分にとって真であることは全体にとっても真であると考えなければならない。この立場からすれば、われわれの行動や決定や思考はすべて、自分たちのものであるだけでなく――ホラルキー的な宇宙全体の統合された、欠くべからざる部分でもある。この意味で、わたしが水を飲もうとして水を注いだコップを持ち上げるとき、水を注いだコップを持ち上げているのは宇宙なのだ。わたしが生きているとすれば、宇宙もまた生きている。われわれはただ意味を求めてさまよう、離ればなれの、孤独な、孤立した存在ではなく、どの刹那においても、宇宙自体の固有の創発表現なのだ。

この宇宙に存在するものはすべて生物系と無生物系にはっきりと分かれているではないかと、異議を唱えるひとがいるかもしれない。なるほど、そのとおりだ。だが、その説明は、宇宙が全体としてひとつの生物系であるという観点と相補的であることに注意してほしい。それは、ひとには毛髪や軟骨のような無生物の部分があるにもかかわらず、自分の身体を構成するあらゆる部分を全体としてひとつの生物と見なす考え方と大したちがいはない。量子領域の無限の、非局所的なスケールでは、全体の生物的性質はそれを構成する部分の特殊性を超越する。純粋に生きている状態の領域など存在しないし、まったく生きていない状態の領域もまた存在しない。ただ生きている宇宙があるだけである。

ひとはみな「宇宙と一体」であると、簡単にひとくくりに言われる傾向が、今、陳腐に感じられるほど至るところに見られる。ただ、その凡庸な自明の理を軽はずみにくりかえすのはたやすくとも、それをただ信じ込むのでなく、身体的な経験としてじかに感じとることは、実のところ、きわめて難しい。それは物質界の日常習慣的な経験と、西欧文化を覆う――世界は物理的実体に**すぎない**という――物質主義的な指向が、われわれを絶えずあらぬほうへ押し流そうとするからだ。しかし、相対性理論と量子力学に織り込まれた複雑性理論の語るところは、それとは別の物語だ。一体であることは現実であり真理である。部分であることもまた真理ではあるが、それは一体であること以上の真理ではない。両者は相補的なものであり、異なるものだが、現実を完全に理解するためには、どちらも同じだけ必要である。この確信は、哲学や古代宗教、あるいは現代の神秘主義などによってだけでなく、最新の経験科学によっても裏づけられている。

Ⅲ　意識

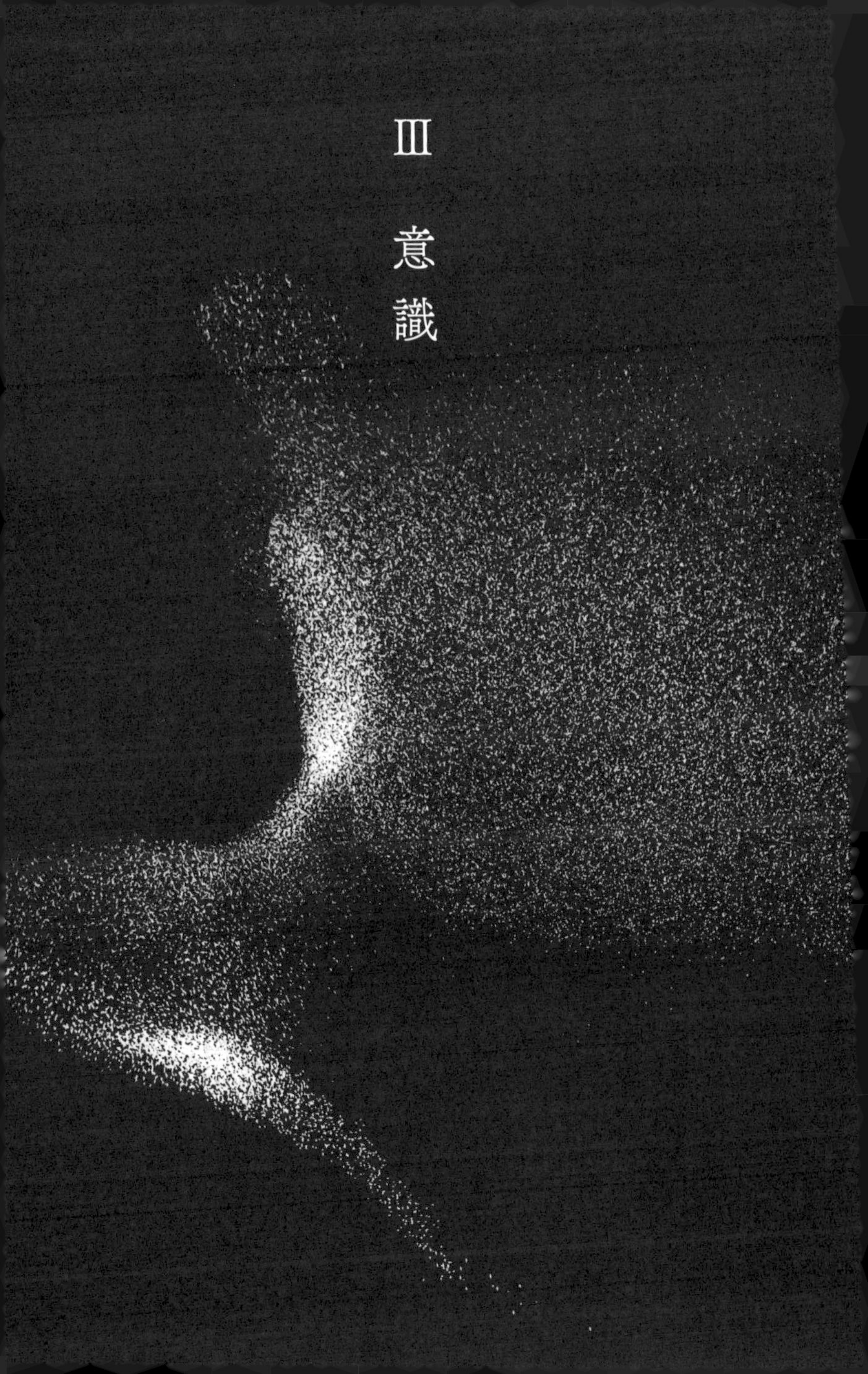

第9章

「意識のハード・プロブレム」について

このようにして宇宙や複雑性について一〇年にわたって考察してきたわたしは、何とか科学の遠近法を用いて宇宙の姿をすっきりと一枚の画布に収めるという気のきいた仕事ができたと満足していた。しかし、ラングトンと同じようにあの匂いに気づき、それを追いかけずにはいられなくなった。そして、ためらいながら、否応なく、精神的なものと哲学的なものという、ここまでとはまったく異なるアプローチへと導かれていった。

精神の面に関しては、複雑性の概念が、わたしが禅の修行で知った仏教の核となる思想によく合致していることに驚かずにはいられなかった。仏教者はよく相互相依《そうえ》、無常性、万物の空性に関する直観について語る。

相互相依とは、複雑系のすべての要素が、どのようにほかのすべての要素と関連し、それらあらゆる部分がどのように相互に作用しあって創発的な全体を構成し、また全体に影響を与えるのかを表現することばだといえる。**無常**とは、大量絶滅の必然を指すことばである。**空性**とは「実体的存在の空性」を指すことばで、おそらく修行者にとってもっとも難解な概念である。どうして実在する固体――この本やこの身体、あの鳥やその壇上の菩薩像――が、それ固有の自立した同一性をそなえる現実の**物**たりえないのだろうか？　しかし、複雑性の観点に立てば、どのスケールのレベルでも固体が存在しえないことは、すでに見てきたとおりである。実在の本質に即して、複雑性の視点からとらえるなら、すべては過程であり、運動であり、流れであり、変化である。仏教ではこれを「空性」と呼ぶ。

一方、量子物理学者たちのあいだでは意識の問題が提起されたが、彼らは答えを見出すことができなかった。哲学者たちはじつに長い時間をかけてこの問題と向き合ってきた。わたしは自分なりの理解と要約に満足していたわけだが、量子物理学者たちが提起した意識に関する大きな謎には、まだ手をつけていなかった。プランクによれば、主体と客体を切り離すことはできないという、量子の領域でえられた知見が意味するのは、「われわれは意識に遅れることができない」ということである。すなわち、意識が空間、時間、物質、エネルギー**とともに**生じるか、さもなければ、ほかのあらゆるものが意識の背景**から**

生じるか、どちらかしかないというのだ。

　複雑性がたどり着くのも、どうやら同じ洞察であるらしいことは、すでに見たとおりだ。わたしが生きていて、あなたも生きているのなら、宇宙も生きているはずだ。同じようにして、わたしに意識があり、あなたにも意識があるなら、シームレスな全体としての宇宙にも意識はあるはずだ。だとすれば、問題は、どのように意識はこの自己組織化する宇宙と関係しているかということだ。

　西欧文化は、断固としてこれとは別の観点を支持している。それは、ひとつひとつの脳がそれぞれの意識を生じるのであるから、わたしの意識とあなたの意識とは別のものだという考え方である。それはわれわれの世界観に深く根を下ろし、もはや血肉と化しているとさえいえる。たとえば、あなたが何か思いもよらないすばらしい考えを聞かせてくれたら、わたしは指で自分の頭を軽くはじいて、あなたの——脳内にある——知性に感謝の気持ちを伝えるだろう。映画『オズの魔法使』で案山子《かかし》が「もっと深く考えられるようになりたい」と祈るとき、「脳さえあれば《イフ・アイ・オンリー・ハド・ア・ブレイン》」と歌うことによって示しているのはこのことである。脳はひとが考える場所であり、思考が生じる場所であり、アイディアをえる場所であり、意識のよってきたる場所である。少なくともそう言われていることは確かだ。

　このような偏向は自然に生じるものだ。ひとの感覚器官のほとんどは頭部にある。知覚経験と意識感覚のありかが近いため、ひとはそれらが同じ場所にあると考えるように条件づけられている。とはいえ、ほかの文化では身体のさまざまな場所が意識の座であるとされてきた。アーユルヴェーダやメソアメリカの思想伝統、あるいは古代エジプトでも、意識の座は心臓にあると考えられているが、これは西欧文化で心臓を指して愛をはじめとする強い感情の意味を伝達しようとするのと似ているともいえる。このような文化では、ひとはすばらしい考えが閃いたことを示すのに胸をたたくのかもしれない。だから、われわれは自分の頭（とそのなかの脳）を指そうとする本能を、文化規範であると同時に、意識に関する深遠な真実の表れでもあるなどと軽々しく受けとるべきではない。

さらにほかの文化、とりわけ瞑想的な方法を通じて意識を探究してきた歴史を持つ文化では、さまざまな意識形態を区別するための広範で厳密な語彙が発達してきた。たとえば、ヴェーダ、サイヴィテ、あるいは仏教文化には、自分の意識が自分の認識能力の対象となるまで、精神による自己探究を突き詰める瞑想的実践が存在する。このような実践を通して、これらの文化では、心的経験や意識作用のさまざまな階層や要素を精確に描写するための、数多くのことばや表現が作り出されてきた。

これらの実践の多くは西欧文化にも取り入れられてはいる（日本の禅仏教の姿勢を正しておこなう瞑想である**坐禅**や、東南アジアの**マインドフルネス**の実践など）が、さかんになりはじめたのはここ数十年のことなので、彼らの用語は、まだ西欧言語に定着していない。そのため、英語は、精神を記述するための精緻な語彙をなお欠いたままだといえる。「意識」を表現するのに使える英語はそれほど多くはなく、その差異も明確には定義されていない。「意識《コンシャスネス》」「精神《マインド》」「認知《アウエアネス》」「感覚《センシエンス》」、これらの用語は、どのように使い分けるのが正しいのだろうか？　実は曖昧にしか定義されていないのだ（だから意識について書くのは容易でない）。

脳が意識を作り出すのか、それとも……？

しかし、意識をめぐることばが足りないからといって、この現象に関する科学研究の、人類史上、まれに見る爆発的な隆盛が妨げられることはなかった。事実、脳が意識の源泉であるという考えを裏づける研究は、毎年、山のように発表されている。その根拠は、臨床神経学、心理学、認知神経科学など、さまざまな分野に求めることができる。脳波図（ＥＥＧ）や機能的磁気共鳴画像（ｆＭＲＩ）などの先進技術は、生体の、活発に思考する脳の生理学的細部をリアルタイムで観察することを可能にした。

これらの生理学的データや臨床観察から明らかになるのが、「**意識に相関した脳活動**」と呼ばれるもの、すなわち報告可能な、思考・知覚に密接に関連した脳の構造・活動の総体である。たとえば、眼がイメージを見るとき、あるいは特定の視覚的イメージを想像したり夢に見たりするだけで、脳の視覚野（脳の後部にある）が活性化することがわかっている。それゆえ、視覚野の活性化は「意識に相関した脳活動」だといえる。

われわれはすでに視覚の神経学的処理をかなり正確に理解し、高度な脳測定技術によって文字どおり「ひとの心を読む」ことができるまでになっている。このような技術では、被験者が「心の眼」でイメージを見ているとき、脳内の現象を測定するだけで、そのイメージをぼんやりと推定することができる。

これらの報告は脳が心を作り出すという仮説を圧倒的に支持しているように見えるかもしれない。ただ、これで問題が解決したといえるだろうか？　実際には、このような事実は特定の脳活動と意識経験との**相関関係**を示しているにすぎない。そして、高校の理科の授業で学んだことを思い出してほしいのだが、相関関係と因果関係は別のものなのだ。相関関係は、脳活動が意識経験を引き起こすことの証明とはならない。

夏が来るたび、サングラスをかけることとアイスクリームを食べることとのあいだには強い相関関係があることに気づく。この二つの活動はかなり高頻度で同時に現れるように見える。ほんとうに相関関係が因果関係を意味するのなら、サングラスをかけるとアイスクリームが食べたくなるのかどうか、真面目に考察せざるをえなくなる。もしかしたら、アイスクリームを食べると日光に対して過敏になり、そのせいでサングラスをかけたくなるということがあるのかもしれない。言うまでもないことだが、このような推論はまちがいだ。実際には、どちらの行動の原因も、まったく別のところにある。夏の太陽が眩しくて暑い日には、ひとがサングラスをかける可能性も、アイスクリームを食べる可能性も、どちらも高くなるというだけのことだ。

相関関係と因果関係をとりちがえると、たちまち深刻なまちがいにつながるおそれがあることは、このことで容易に理解できるだろう。

しかし、もし科学的に厳密で慎重な論理にしたがい、こういうまちがいを回避するなら、「意識に相関した脳活動」を説明する主要な仮説として、残るのは以下の二つである。ひとつは、脳が精神活動を規定しているのではないかということ。もうひとつは、夏が、アイスクリームを食べることとサングラスをかけることの、どちらにも共通する原因であったのと同じように、認知意識の内容と、それに相関する脳活動とは、何か別の独立した、もっと基礎的な共通の根本原因に由来するのではないかということである。

これまでのところ、これら二つの仮説のどちらか一方が他方に比べて明確に正しいと証明した実験は、まだ一度もおこなわれていない。精神と脳のあいだの因果関係の問題が、科学的に開かれたままであることに議論の余地はない。

ハード・プロブレム

科学的な合意が存在しない以上、意識の起源と、その脳との関係を、これまでのところ、もっとも徹底して探究してきたのは哲学者たちだったといえる。意識は依然として解決を見ない、特殊な科学問題である一方で、哲学的アプローチは、この難問の、ありえる解決策への見取図を描き出すことによって、科学者たちが検証可能な仮説を立て、結果としてえられるデータを正しく解釈するための方向性を示している。

哲学者デイヴィッド・チャーマーズは、「意識のハード・プロブレム」という造語によって、脳が心を作り出すという考え方に根源的な異議を唱え、この問題を顕在化させたことで知られる。[1] この困難な問題《ハード・プロブレム》が強調するのは、「意識に相関した脳活動」が、脳の部位や機能が心的情報内容を作り出しているということをどれほど強く示唆しているとしても、それらはけして知覚の**主観的経験**を説明するものではないということである。

たとえば、ひとが薔薇を見つけたときの主観的経験について考えてみよう。その深紅の花弁を見ること。その香りをかぐこと。その棘の痛みを感じること。薔薇の匂い分子が鼻に入り、嗅神経を刺激し、信号を伝達し、脳がそれを花の匂いとして検知する過程の詳細は、すでに解明されている。薔薇の色——花弁から反射される特定の周波数の光——が眼に届き、網膜の視細胞などの光受容体が作動して視神経を刺激し、電気信号が視覚野に送信される過程も解明されている。皮膚の感覚受容体が傷の物理的影響を信号に変換し、それが脳へ送信され、検知され、「痛み」に分類される過程も明らかになっている。

しかし、これらの電気的、化学的、細胞的メカニズムはどれも、赤さ、香りの甘さ、傷の痛みなどほんとうに感じられ、生きられた**経験**については何も語らない。「これら意識に相関した脳活動**こそ経験である**」と簡単に言いきることはできない。なぜなら、このような言い方では、それらがどのように、またどうして、脳活動に関する既知の生物物理学的プロセス以上のものであるのかを何も説明したことにはならないからだ。それはただ相関関係の物質的事実を記述しているにすぎない。経験についてはまだ何も語られていないのだ。

意識経験を持つという**感覚**は、「意識に相関した脳活動」ではまだ説明がつかない困難な問題《ハード・プロブレム》である。

意識への哲学的アプローチ

意識の性質に関する哲学的立場は多数あるが、およそ次の三つのカテゴリーのいずれかに分類できる。唯物論、汎心論、観念論である。[*]

唯物論の立場は、脳が心を作り出すという考え方をもとより内包している。宇宙は実体、物質、質量、エネルギーからなるため、意識を含む世界内のすべては物質的なものに由来すると考えられる、と唯物論者は主張する。はじめて複雑性理論や、「無から有を生じる」という創発特性の魔法のような性質に出合ったとき、かつて多くの人びとがそう考え、今もその考えを変えていないのと同じように、わたしもこれで意識を説明できるのではないかと考えた。また、わたしはそのころ、意識が脳の物質的な部分——電気信号、分子、細胞、構造——の創発特性であることが判明する可能性はかなり高いと推論していた。

このことは、アリのコロニーの大規模で非常に複雑な組織構造が、一匹一匹のアリの相互作用から生じながら、コロニー全体は、その部分の単純な総和をはるかに超えたものになるのと似ている。唯物論者は、これと同じように、意識は脳を構成する部分の単純な総和をはるかに超える、創発的な全体であると考える。

次に**汎心論**である。汎心論は、脳が誕生するまえから、意識は先験的に宇宙の特徴であるという考えを前提とする。このアプローチは近年、新たな関心を集めている。この観点

*否定論と呼ばれるものを、四番目のカテゴリーに数えるべきかもしれない。それによれば、意識というようなものは存在しない。意識は脳が作り出した妄想であるということになる。ただし、その場合、その妄想を経験しているのは何か、という疑問が生じる。

に立つ論者のなかには、意識はあらゆる生命、すなわち生命の識別可能な最小単位に固有の特徴であると言うものもいる。西欧生物学の視点からすると、生命の識別可能な最小単位とは細胞であるわけだから、細胞が意識の初期形態を持っているということになる。

それなら、人体にそなわる意識は、その個々の構成要素であるすべての細胞レベルの意識の集合体から生じるのだろうか？[*] それらの細胞が多細胞生物を構成する基本要素に自己組織化するのと同じように、単細胞の単純な意識も、多数が集合し、相互作用することで複雑な意識になるのだろうか？ もしそうなら、個々の小さな意識の集合体が大きな意識を形成するというこの考え方は、細胞から生じる個々の身体についてだけでなく、相互作用するありとあらゆる生物たちからなる生態系についても適用できるのだろうか？ 森林や珊瑚礁はみな意識を持ち、自己を認識しているのだろうか？ それはガイアだろうか？ 人間の精神は、そういう集合体の一部を構成しているのだろうか？ そうだとして、どうしたらそれがわかるというのか？ 確かめるすべはあるのか？ このような問いのひとつひとつと真摯に向き合うのが、汎心論者と呼ばれる人びとだ。

極端な汎心論のなかには、標準模型を構成するような亜原子粒子が意識の担い手なのだと主張するものもある。もしかしたら、それらはまだ量子物理学の方程式ではとらえられていない意識の属性をそなえているのかもしれない。あるいは光子が電磁力を運ぶのと同じように、意識を運ぶ未知の粒子が別に存在するのかもしれない。このような汎心論者は、無生物の、量子スケールの、意識を持つ実体が集まって原子になると、少し複雑な意識を持つようになると考えるのだろうか？　それらはやがて自己を組み立て、分子レベルの意識になり、細胞レベルの意識になり、いつか人間が持つような、あるいはタコやゾウやカラスが持つような、心になるのかもしれない。これもまた、じつに汎心論らしい疑問といえよう。

唯物論と同じように、汎心論とそのすべての亜種の主張によれば、意識は自己組織化する複雑系の創発特性である。ただし、汎心論では、意識は脳の構造や働きから生じるのではなく、相互作用する意識存在の構成単位——原意識的実体と呼ばれる——から現れるとされる。

汎心論はしばしば強硬派唯物論者から冷笑され、石や電球にも意識があるとか、電子にも「あるべき姿」のようなものがあるとか、そういうことなのかと揚げ足をとられる。しかし、わたしには、ハード・プロブレムに対して明快で十分な解決策を提示することにかけては、汎心論は、唯物論と同様、完全とは言いがたいということのほうが重大な問題に

＊そのような集合体がより複雑な意識形態へと組織されていく過程の解明は、汎心論において「組み合わせ問題」と呼ばれ、ハード・プロブレムそのものに次ぐ最重要「問題」と見なされている。

思われる。ほとんどの汎心論者は、問題を脳からほかのどこかに移そうとしている——より小さなスケールの、細胞や量子のような既知のもののほうへ押しやるか、あるいはもうそれ以上分割できない基本形態によって、意識経験を何らかの方法で伝達する未知の実体のほうへ押しやるか——にすぎない。このような原意識的なもののありかを、たとえどこに求めたとしても、ハード・プロブレムは依然としてハード・プロブレムのままなのだ。

かつてわたし自身、これら二つのアプローチを検討し、物理学者・宇宙論研究者のメナス・カファトスと共同で汎心論に関する論文を発表したこともある。[2] しかしながら、どちらの考え方でもハード・プロブレムを説明できないことから、わたしは最終的に、以前はとてもありそうにないと考えていた**観念論**のアプローチを真剣に再検討するようになった。

大文字の意識C

観念論を考察するには、ギリシャ哲学、とりわけプラトンにまで遡らなければならない。プラトンによれば、日常の物質的な現実の領域は、壁に投影されたイメージのようなもので、影にすぎず、現実よりもはるかに完璧で実在的なもの——**プラトンのイデア**として知られる、眩《まばゆ》いばかりの純粋で根源的な真実在の領域——の仄暗《ほのぐら》くかすむ反映なのだという。この実在的な領域にあるのが、Form《イデア》（大文字のF）である。知性において精神が了解する対象であり、永遠不変で完全な絶対的実体であるこの Form《イデア》に対して、日常の物質界にあるのは、一時的で絶えず変化し、われわれが身体的感覚を通じて接している、form《エイドス》（小文字のｆ）と呼ばれるものにすぎない。

プラトンのイデアには、真、善、美、大、赤などさまざまな概念が含まれる。ほかのどのリンゴとも正確に同じ姿かたちのリンゴは存在せず――よく似た二個のジョナゴールドがあったとしても、けして完全に同一ではありえない――それらはいずれもリンゴの模像であり、プラトンのイデア的リンゴの反映と見なされる。手に取り、匂いをかぎ、味わい、玩味することができる物質的対象の本質は、ただイデアによって認識できるだけである。このようにして観念論は、物質界において、われわれは精神を介して実在の根底をなすイデアを直接的に了解しているのではなく、感覚器官に生じる印象を通して間接的な模像を与えられているにすぎないと断言する。そしてイデアそのものの本質的・直接的な認知に到達できるのは（プラトンのような！）限られたものの精神だけだというのだ。

このような哲学的立場は現代人の目には奇妙に見えるかもしれない。しかし、観念論はつねに西欧文化の主旋律を奏でる重要な役割を果たしてきたといえる。バルーフ・デ・スピノザは世界における「唯一の実体」を論じ、自然としての神がそれにあたり、すべての存在の源泉にして基礎であるとした。同じように、ゴットフリート・ライプニッツ、イマヌエル・カント、ゲオルク・ヴィルヘルム・フリードリヒ・ヘーゲル、アルトゥール・ショーペンハウアー、アルフレッド・ノース・ホワイトヘッド――プラトン以来の、じつに多くの人びとが観念論の立場から、世界は意識に生起するプロセスにすぎず、それゆえ通常の人間精神の認識でとらえきれないことは明らかだと考えた。究極的かつ絶対的なイデアの領域は、われわれひとりひとりが認知できる限界を超えた意識によってはじめてとらえられる。**大文字の意識C**《Consciousness》とは、この物質界に先立って存在する意識の源泉であり、それを個人的な小文字の意識c《consciousness》――その内部で、あるいはそれを通してわれわれひとりひとりが私的な経験を持つ――から区別するための、わたしの造語である。

両者は、波とその下に広がる海との関係に喩えるのがわかりやすいだろう。サーファーが波に乗っているのを見ていると、波は独立した構造体のように見える。大波は**実在する**――それはサーファーを願いどおりに乗せてやるか、サーファーを飲み込んでサーフボードを海岸で打ち砕くかのどちらかだろう。しかし、波はひとつひとつ独立した存在ではなく、その下に広がる海に逆巻くエネルギーから切り離された存在でもない。「ひとつの波」を捕まえたとしても、それに乗っていられるのはごくわずかのあいだにすぎず、すぐにそれは海全体に帰っていく。

それと同じように、われわれひとりひとりの意識も、個々の精神の側からは、個性的で現実的な、自分自身のもののように見える。しかし、観念論的に考えれば、その自立の感覚は幻想であり、ここまで見てきた多くのことがそうであったように、単にある視点から生じるものにすぎず、具現化された実在ではない。

このような観念論の立場によれば、個々の身体、脳、精神をすべて含む全体としての宇宙は、その根底をなす大文字の意識Cの深層から生起する現象にほかならない。空間、時間、物質、エネルギー、量子泡、これらから生じるあらゆる構造体は、実体的存在をともなわない、大文字の意識C内での単なる経験である。観念論は、考えられるもっとも大がかりな仕方で、脳が意識を作り出すのではないと主張する。そうではなく、意識が宇宙を作り出し、それから数十億年を経て、その意識から、これまでに発見されたもののなかでもっとも複雑な構造体である人間の脳が生じたというのだ。このように、すべてが大文字の意識Cの主観的な経験にすぎないとしたら、何が主観的な経験を作り出すのかというハード・プロブレムはもはや問題ではなくなる。宇宙には、大文字の意識Cの主観的な経験で**ない**ものは何も存在しないことになるからだ。

究極的に真理を裁定するのは科学的厳密さであると信じられている現在、汎心論や観念論のような思弁哲学は奇妙に見えるかもしれない。プラトンにまで遡る観念論ともなれば、はじめのうち、わたしにも古めかしく見えたし、科学的で経験的な事実だけに依拠することに執着する人びとにしてみれば、今もなおそうだろう。しかし、このような考えを非科学的な、はるか過去の遺物と見なす、現代文化の偏向に反論して、ハイゼンベルク自身が、次のように述べているのだ。「現代物理学はまちがいなくプラトンに有利な判定を下してきていると思う。実際、物質の最小単位は通常の意味での物理的対象ではない。それらは数学的言語でのみ明快に表現できる形式、すなわち観念《イデア》である[3]」。

意識の変換

しかし、それでもなお、ここまで詳細に解明されてきた「意識に相関した脳活動」を、どう理解すればよいのか、という疑問は残るだろう。これをもっともうまく説明する方法は、脳を精神の**生成器**としてではなく、精神の**変換器**としてとらえることのように思える。変換器は、ある種類の入力を受けとり、それを別の種類の出力に変える。電球は電気を光に変換する。温度計は熱を数値に変換する。

ラジオがわかりやすい喩えになるだろう。ラジオは至るところに拡散する電波を、無線アンテナで拾う。ラジオという装置はその無限定の電波を、固有の感覚――この場合は聴覚――に限定された音楽という、スピーカーで聴くことができる経験に変換する。

観念論の存在観において、「意識に相関した脳活動」が手がかりとなるのは、脳はいかにして認知するのかを考えるときではなく、脳はいかにして大文字の意識Cをひとりひとりの小文字の意識cに変換するのかを考えるときである。そして電波が音だけでなく、ノートパソコンの画面上に繰り広げられるアニメーションのような、ほかの感覚への出力にも変換されるのと同じように、大文字の意識は種類の異なるさまざまな脳によってかたちの異なるさまざまな小文字の意識——たとえば、紫外線で世界を視るミツバチの意識、腕で味覚を感じるタコの意識、多様な匂いに満ちた世界を生きるイヌの意識——に変換される。

結局のところ、どう考えればよいのだろうか？ 意識に関する疑問には三つの対照的な哲学的アプローチがあり、まだ決着を見ていない。科学的データはそのいずれにもくみせず、哲学的分析を前進させるのでもない——ただそれらを比較対照するだけだ。どうやら袋小路に追い込まれてしまったようだ。われわれは今、この疑問に答えてくれるのではないかと、経験科学に期待をかけようとしている。哲学には明晰さを求めたい、深淵さではなく。

おそらく彼らがまだ問題を解決できていないのは、人間が発見の途上にあるからだ。一〇年後か一〇〇年後か、科学がその課題によく応えられるときが来れば、これら哲学的疑念は夜明けまえの霧のように霽《は》れることになるのだろう。ただ、この複雑な宇宙に潜む意識の源泉を理解したいと、ほんとうに願うのなら、まず、このきわめて特殊な問題にふさわしい探究方法を構築するための前提を検討しなければならない。

こうしてようやく「経験科学と哲学的厳密性さえあれば十分なのか？」という問題にたどり着く。

第10章

ウィーン学団と科学的経験論

慣れることで見えなくなるものがある。魚は水のなかを泳ぎながら水を意識していないし、ひとは風が吹きでもしないかぎり、自分を取り巻く空気の存在に気づかない。

われわれが生きてきたこの近・現代という時代にあって、現実を探究するうえで、何よりも優先されてきたのは、存在に関する真理を明らかにする方法としての数理論理学と経験科学だった。精神的直観や多くのひとが帰依する信仰でさえ、科学の基準にしたがって（ときにそれに反して）組み立てられてきた。科学的基準は、われわれを取り巻く空気や魚がそのなかに棲む水のようなものだといえる。

もちろん、つねにそうだったわけではない。ヨーロッパ文化では、主流をなす宗教の、宇宙のしくみに関する「知恵」に抗って、経験科学と数学は幾世紀ものあいだ闘争をつづけてきた。科学者たちは教会の教義に背く実証的事実を広めたとして、破門や死の脅威にさらされることも珍しくなかった（コペルニクスのように）。経験科学がそれなりの説得力を持ち、信頼をえるようになっていた時代でさえ、その主張が社会に亀裂を生じさせたり、暴力を誘発したりすることもあった（ダーウィンのように）。

科学が真理の裁定者となるまでの文化的変容の歴史は、たゆまぬ前進とはとても言いがたい、一進一退の、気まぐれで成りゆきまかせの道程だった。幾世紀にもわたる移行期には、まだ片足を旧陣営にしっかりと置いたままの人びとが数多く見られた。たとえばアイザック・ニュートンは、そのなかでももっともよく知られたひとだろう。彼は万有引力の法則の発見者であり、微積分の発見者のひとりでもあるが、実は数学や科学に関する著作よりもはるかに多く、錬金術に関する著作を書き残している。

しかし、あるとき、力のバランスが変わる。産業革命が起きると、一九世紀のあいだに科学が大きく領土を拡張した。細菌論や電球などの科学的成功は、その信頼性をまざまざと身近に感じさせるものだった。そして第一次世界大戦という凶暴なまでの混沌と破壊のなかで古い社会秩序が崩壊するとともに変化の流れが加速した。

この戦争によってオーストリア＝ハンガリー帝国は崩壊し、ヨーロッパ全土にわたる政治権力の組み替えが発生した。中世的ヒエラルキー（教会と貴族）は、資本主義、共産主義、社会主義、ファシズムに置き換えられた。一方で現代美術、音楽、文学が興隆し、やがて思潮はウィーンに収斂《しゅうれん》し、最終的にわれわれが「近代」と呼ぶことになる視点がそこで培われることになる。

ジークムント・フロイトはベルクガッセ一九番地の仕事場で、人間の行動を理解するまったく新しい方法を模索していた。そこからそれほど遠くない場所では、グスタフ・クリムトとエゴン・シーレが絵を描き、グスタフ・マーラーとアルノルト・シェーンベルクが作曲し、ロベルト・ムージルとシュテファン・ツヴァイクが小説を書いていた。

この同じ文化運動の創発の地で、多様な観念論的思想家たちが集結し、世界理解に至る探究を先導できるのはただ経験科学と数理論理学だけであるという立場を表明した。この哲学者、科学者、数学者、論理学者、政治・社会理論家からなるサークルは、のちにウィーン学団として知られるようになる。* 彼らは、合理的・現代的言説であると自分たち

---

*ウィーン学団は、文化において複雑性や創発がどのように展開するかを示した実例である。ときおり、人間の創造力は予期せぬ急展開を見せて、突然どこかに噴出することがある。一九世紀末のパリや一九五〇年代と一九六〇年代のニューヨークに現れた美術運動はその典型である。これらの創発現象はみな、複雑性の法則にしたがって、輝ける時代が終わると終焉（大量絶滅）を迎えるが、あとには革新的な視点や知識を残していく。

が見なすもののなかから非科学的な洞察を除去し、過去の世紀の空想的思索を哲学から排除することを目指した。彼らの活動は、科学それ自体を実践することよりも、哲学を二〇世紀の最前線に立たせることのほうに重心を置いていた。その目標は、現代論理学を用いて哲学を可能なかぎり科学的にすることだった。

ウィーン学団は、一九二四年、哲学者モーリッツ・シュリック、社会学者オットー・ノイラート、数学者ハンス・ハーンによって組織された。ウィーン大学の小さな講堂に、毎週木曜日の夜に集まり、メンバーたちはみずから「論理実証主義」を標榜し、それから一〇年にわたり、互いを尊重しつつも激しい議論を重ねた。彼らにとって最重要の課題は、科学知識をいかに位置づけるか、数学の本質をいかに理解するかということだった。その使命の核心は、不明確なことばや検証不可能な主張に根ざす哲学的混乱を回避することにあった。それによって哲学を「科学的」なものに変え、数学に完全で一貫した基礎を与えようとした。その帰結として、同時に、現代的思考から形而上学を排除することを目指した。

形而上学とは、物質的存在を検証することでは答えを見出せない問いに関する哲学探究である。たとえば、死後の生や魂の実在の本質を理解しようとする試み、あるいは多神教の神々や一神教の創造主の本質を把握しようとする試みなどは、形而上学的な思索といえるだろう。

近代を迎えるまで、意識に関する言説は、ただ形而上学の領域だけでおこなわれてきた。古代の文献や霊的な省察に由来する教会教義――当時、唯一ありえた意識を議論する企て――はすべて形而上学によるものである。

中世的な思考様式を払い除《の》けようと戦うウィーン学団のメンバーにとって、形而上学の匂いのするものはことごとく即座に却下されなければならなかった。経験科学や数学的形式論理学によって確かめられないものはすべて無価値と見なされた。事実、彼らにとって、ある言説が「形而上学」であると宣告することは、それが単にまちがっているだけでなく、何の意味も意義も持たないということだった。議論が白熱したときには「形而上学だ!」という宣言が反論者の最後通牒になった。

ウィーン楽団は、われわれの時代を先導するかたちで、ただ科学と数学にだけ真理を所有する権利を与えた。そして経験科学は、抗生物質やワクチンの開発から惑星探査に至る数々の成果をもって十分に科学的方法の効用と重要性を示した。

しかし、ウィーン学団の哲学的構想は理想と善意に基づくものだったとはいえ、あまりに素朴《ナイーヴ》すぎたといえる。それが道なかばで終わるほかないことは目に見えていた。

ウィーン学団が彼らの立場を表明したのと同じころ、量子力学は経験科学の限界を明らかにしようとしていた。**経験論**とは、あらゆる知識は現実界の知覚経験からえられるのであって、ただ理論や論理に依拠するだけでは不十分だという考え方である。経験科学は、実験を考案し、現実界を検証することで展開していく。このような実験からえられたデータに基づくことで、データ的な裏づけのある検証可能な仮説の構築が可能になる。そしてさらに実験をつづけることで、仮説の証明、あるいは反証となる新たなデータが見つかる。このようにして反復的な科学の方法がどこまでもくりかえされる。

このような方法の実践はすべて世界を客観的に測定する能力の有無にかかっている。科学者としてのわたしは、わたしとは異なる物理的**客体**（またはプロセス）を検証する**主体**である。客体は、主体であるわたしからのあらゆる可能な影響を厳密に遮断することによって、わたしの知覚の自立性と真実性を保証していなければならない。経験科学において、主体と客体は明確に分離されている必要がある。

ところが、量子力学ではその分離が失われた。

驚くべきことだが、わたしの知るかぎり、ウィーン学団のメンバーは、量子力学が彼らの構想にとって破滅的な脅威となることに関して一度も明確な論評をしていない。彼らはボーアとハイゼンベルクの二人を自分たちの国際会議に招聘したこともあれば、量子力学の成功、驚異、意義をよく理解してもいた。しかし、彼らの著作にはボーアやハイゼンベルク、あるいは量子力学についての言及をほとんど見出すことができない。

ただ、彼らがプランク、ボーア、ハイゼンベルクとその同僚たちの形而上学的著作に疑いの眼を向けていたことはまちがいない。これらの物理学者たちは、われわれが選択する知覚の様態や観点の外部に実体的世界は存在しないという考えと本気でたわむれていた。このような考えはウィーン学団にとって受け入れがたいものであっただけでなく、事実、この議論は量子力学の行く末にかかわるアインシュタイン自身の苦悩の核心でもあった。

アインシュタインにとって、物理理論は人間の認知とは切り離された「外部世界」の反映だった。あなたが目を閉じようと、背を向けようと、何なら死んでいようと、月は地球を周回しつづける。これが現実に対する本能的で常識的なわれわれの立場である。

しかし、ボーアとハイゼンベルクのコペンハーゲン解釈はそうではないと言う。彼らによれば、観察者が測定をおこなう瞬間まで、「そこ」には厳密に確定された物質的存在はなく、確率論的可能性があるだけだというのだ。

ウィーン学団が、コペンハーゲン解釈とハイゼンベルクの不確定性原理が暗示する問題

——ある種の観察が量子現象の測定可能な特徴を必然的に変更する——への回答を用意しようとしなかったのは、アインシュタインがすでにその問題を解決しているというまちがった認識を、彼らが持っていたからかもしれない。その理由はどうであれ、彼らは自分たちに固有のことばで、この問題と向き合うことを故意に避けたようにも見える。現在のわれわれの目から見れば、彼らの方法をもってしても、アインシュタインにできたのと同じようにしか、量子力学をめぐる問題の論証はできなかっただろうと考えることはできる。量子力学は、純粋に客観的な方法で現実を定義する経験科学の能力の限界を示しているのだ。

ウィーン学団が真摯な議論を戦わせ、経験科学が多くの成果を挙げるその一方で、量子力学は、科学では超えることのできない境界を画定していた。

第11章

クルト・ゲーデルと形式論理学の限界

ウィーン学団は真理を探究する方法として科学の重視を掲げただけでなく、数学と論理学の刷新にもつとめた。彼らの試行錯誤――異才たちが挑戦した不可能な夢――の物語が描き出したのは、過去のあらゆる哲学体系が描き出したのと同じように、彼らの生きた時代の世界像である。

われわれはみな数学が何であるかを知っている。数の世界というものがあり、そこでは数を用いた無数の演算が実行される。幾何学の世界というものがあり、そこではさまざまな図形や空間の構造や性質が研究される。数学の多くは、掛算表に代表される機械的実践を通じて学習することができる。ただ、数に関する理論を構築したり、数学概念を証明したりするには、どうしても形式論理学と論理証明の領域に立ち入る必要がある。

論理的推論の形式体系には、二種類の言明がある。ひとつは既知のものである、または真と見なされる**公理**、もうひとつは証明されることで成立する**定理**である。たとえば、計算に関する基本的で単純な公理に「反射公理」がある。これは記号または変数ａで表される任意の値に関してａ＝ａであるとするものだ。つまり、３＝３となり、１５６０３３００４１＝１５６０３３００４１となる。

別の基本公理に、等号の反対側のものは同じであるとする「対称公理」と呼ばれるものがある。つまり、ａ＝ｂならば、ｂ＝ａとなる。また、「推移公理」では、ａ＝ｂかつｂ＝ｃならば、ａ＝ｃとなり、これはユークリッド幾何学の「同じものに等しいものは、互いに等しい」という言明と同じである。これらの言明は一般に真と見なされ、証明の必要はない。

しかし、定理は真であることも、真でないこともある。科学理論における仮説と同様、定理は証明を必要とする。正しく言明された定理は真であるように見えるかもしれないが、それだけでは真と見なすことはできない。新しい定理は、基本公理系からはじめて、それらを用いて推論をおこない、証明の論理階梯《かいてい》を一行ずつ、一段ずつ、系統的に昇っていき、それが真であることを証明しなければならない。そして推論の結果、その定理に到達したとき、はじめてそれが証明されたと見なされる。あるいは推論によってその定理に反する結果がえられた場合、その定理は反証されたことになる。

定理には、自明に見えるにもかかわらず、証明することがきわめて困難なものがある。たとえば、よく知られたものにゴールドバッハの予想がある。これは2より大きいすべての偶数は少なくとも一組の素数の和であるという定理である。8を例に取れば、3＋5という二つの素数の合計になっていることがわかるだろう。144を例にとれば、97＋47、103＋41、139＋5など、合計が144になる素数の組み合わせをいくつも見つけることができる。ゴールドバッハの予想は、100000までの数については手計算で、それ以降、4×10^{17}までの数についてはコンピュータでの面倒な計算を経て真であることが確かめられている。しかし、これは、どれだけ大きい数であろうとつねに予想が真であることの証明ではなく、ただ予想に合致する多くの計算を積み上げただけにすぎない。もっと大きい数にいつか例外が見つかるかどうか、それは誰にもわからない。ゴールドバッハの予想は今もまだ証明されないままだ。

一九二〇年、ドイツのすぐれた数学者ダフィット・ヒルベルトは、数学を確固たる基礎のうえに据えるために最重要であると彼の考える問題を列記したプログラムを発表した。ヒルベルトは、証明をおこなう際には記号による「形式言語」を用いて数学的言明を記述することを支持した。どの公理系もそれが成立するかどうか、妥当かどうかを判断するには、あるいは定理の証明を評価するには、固有の基準が適用されなければならない、と彼はいう。その基準とは、体系はそれ自体の内部において**無矛盾**でなければならない、というものである。すなわち、ある定理は、真であることと真でないこととの両方を同時に証明することによって、逆説的にそれ自体と矛盾することはできない、とされる。また、体系は**完全**でなければならない。すなわち、体系に関するあらゆる真の言明は、それが真であることを証明する方法を、体系それ自体の内部にそなえていなければならない。たとえば、算術を構成する体系では、ゴールドバッハの予想をも含む、算術に関する**あらゆる**真の言明を証明する方法がそれ自体の内部に含まれていなければならない。無矛盾性と完全性が、あらゆる数学体系の成立を保証するのである。ウィーン学団の使命はヒルベルト・プログラムと完全に合致していたといえる。

そこに小柄で端正な顔立ちの、眼鏡をかけたひとりの青年が登場する。クルト・ゲーデルである。彼は、やがてアリストテレス以来もっとも重要な――つまり、誰よりもすぐれた――論理学者として知られるようになる。彼はウィーン学団の会合ではいつも静かに後方の席に坐っていた。自分の考えは最後までじっと胸に秘めておくというその生涯にわたるスタイルはすでに完成されていた。だから、完璧で、精緻で、決定的な答えがえられないかぎり、けして意見や立場を表明しようとしなかった。行きつ戻りつする仲間たちの議論のゆくえをしっかりと追いながら、時計の振子のように頭を左右に揺らしていた。

ウィーン学団の時計が時を刻んでいた。

ウィーンのゲーデル

ゲーデルの稀有の個性は幼いころ、すでに明らかだった。四歳のとき、「知りたがり屋さん」と呼ばれていた。兄のルディはのちに「彼は何ごとにつけ、いつもひとを徹底的に質問攻めにして真相を追究した」と述べている。[1]
大人になってからゲーデルは精神科医に、子どものころの自分について「何でも知りたがり、常識を疑い、理由を求めた」と述べている。[2] はじめ彼の情熱はすべて科学に注ぎ込まれた。彼はあらゆる科目にすぐれ、学校の成績はいつも誰よりも抜きんでていた。彼は母に宛てたある手紙に「(思春期のころの考えでは)知ることの喜びに人生最大の価値を置いていました」[3] と書いている。また、兄の回想によると、彼らの学校がはじまって以来、クルトはただひとり、八年間を通してラテン語の授業で一度も文法のまちがいを犯さなかった生徒だったという。[4] 一四歳になる前、彼は数学と哲学に関して学校で学べるだけのものは学びつくし、すでに独自の探究をはじめていた。

一九二四年、故郷ブリュンを出てウィーンに来たとき、一八歳のゲーデルはすでに大学レベルの数学を習得していた。彼が**数学的プラトニズム**を奉ずるきっかけとなる考えに出合ったのはウィーン大学で学びはじめたこのころのことだという。数学的プラトニズムによれば、数や式や幾何学構造などの数学表現は、物質的実在の領域ではなく、プラトンのイデアの領域に属している。この観点からすると、数学は単に大量の小麦を計量するために発明された手段ではない。それはわれわれの精神を超越した、それ固有の真理の領域にある。数学は人間が発明するのではない。人間によって発見されるのを待っているのだ。ユークリッド幾何学（ピタゴラスの定理のような方程式）、流体の動きを記述するためのニュートンの微積分、シュレーディンガーの波動方程式、マンデルブロ集合……これらはみな発明されたのではなく、発見された。

これに対して、ウィーン学団にとって、数学の数や形式は人間精神によって論理的に創造された――発明されたのであり、発見されたのではない――ものであり、純粋に物理的実在を記述するためのツールだった。彼らにとって数学とは、実在する「数」による計算やユークリッド幾何学から、高度な技術によって論理的に導き出されたものだった。

一九二六年、ゲーデルは彼の師であるハンス・ハーンに招かれ、ウィーン学団の準メンバーとなるが、これは奇妙な出来事ともいえた。彼らの数学的立場は、ゲーデルが堅持する数学的プラトニズムにとって、激しく対立するアンチテーゼだったからだ。とはいえ、この招聘は、彼の卓越した知性がみとめられたことを示す最高の栄誉でもあった。彼はまだ二〇歳だった。

ゲーデルは自身の「不完全性証明」によってウィーン学団の計画を阻止する手筈をととのえると、一九三〇年、バルト海に面したケーニヒスベルクで開催された「精密科学の認識論」に関する討議の場において、落ち着いて、こともなげにそれを実行に移した。

不完全性と直観

ヒルベルトの形式主義プログラムの成否は、無矛盾性と完全性を二つながら証明できるかどうかにかかっていた。ゲーデルが議論に加わるのはここである。

彼の二つの「不完全性定理」の証明は、直観的な才能の高度な表現として広く知られ、その数学的な美しさはしばしば、バッハの音楽の精妙なカノンやゴシック建築の巧緻なカテドラルにも喩えられる。第一の証明の方法を詳しく紹介する仕事は本書の範囲をはるかに超えるものだが、その創造性の一端なら、伝えることはできるだろう。

ゲーデルの直観は、算術の形式体系に関する言明には、真ではあるが、その算術自体の公理や定理の内部においてそれが真であることを証明できないものが存在するはずだ、というものだった。これはプラトン的な視点だ。数学的真理はあくまでもイデアの領域「のどこか」に存在し、発見されるのを待っている。しかし、いかなる数学的言明にも、われわれの証明を受け容れなければならない理由は何もない。ただ、形式主義数学者たちの不遜さが、証明を受け容れなければならない、と主張するにすぎない。ここにおいて、もしゲーデルが、実際には真だが、それを証明できない言明が存在することを証明できれば、それはヒルベルトがまちがっていることを証明することになる。つまり、数学から不完全性を完全に排除することはできないというわけである。問題は、そのためにはどうすればよいのかだ。

ゲーデルは、証明の論理的言明を構築するのに用いる一三個の記号をそれぞれ（1から13の）数字で置き換えることができ、その論理的言明全体を、彼が設計した手順によって、ほかのいかなる形式的言明とも共有されない固有の数に変換できるという巧妙な数化体系を考案した。この数化体系では双方向のコード化が可能だった。つまり、どの論理的言明もみな固有の数に対応するだけでなく、どの数もみなコードを復元することによって、その基礎となった論理的言明の、固有の形式的記号集合を明らかにすることができた。

この画期的な数化体系によれば、証明内の連続する言明には、純粋に算術的な関係と論理的関係との両方が含まれることになる。それゆえ、ゲーデルの証明は**メタ数学的**である。証明は、まさにその証明が関連づけられているもの、すなわち数から構成されている。それら代理となるもろもろの数の算術関係は、その証明の論理手順に対応する算術的真理を表してもいる。つまり、論理的言明は数に関するものでありながら、数は論理的言明を表している。このゲーデルの自己言及的論理ループについていくと、ぐるぐるとメビウスの輪をたどるときと同じことが起きる。

ゲーデルの才智は足を止めることなく、次の段階でさらに大きな飛躍をとげた。彼は(ここでもまた、ゲーデル数化によって置換可能な形式論理の記号を用いて)、自然言語に翻訳すれば次のようになる論理的言明を作り出した。「この言明はこの体系内部では証明できない」。

これは、何世紀にもわたって議論されてきた、クレタ島のエピメニデスのことばとされるあの嘘つきのパラドックスによく似た、古典的な矛盾言明である。「クレタ人は嘘つきである」という言明に問題があるのは、もしそれが真ならば、エピメニデスのことばは嘘でなければならず、言明が偽になってしまい、もしそれが偽ならば、エピメニデスのことばはほんとうのことになり、言明が真になってしまうからだ。**どちらにしても**クレタ人は嘘つきだ。こうして論理は自分の尾を飲み込む蛇のようにぐるぐるとめぐる。

これには、著名な数学者バートランド・ラッセルのもとで学んだ論理学者フィリップ・

ジュールダンが考案した「郵便はがきのパラドックス」と呼ばれる別バージョンがある。はがきに「このはがきの反対側の言明はまちがっている」と書く。そして同じはがきの裏面に「このはがきの反対側の言明は正しい」と書く。これで同種の堂々巡りができあがる。

ゲーデルはパラドックスを恐れなかった。むしろそれを歓迎した。彼の特別な言明――「この言明はこの体系内部では証明できない」――は、これらとまったく同じ無限循環形式を取っている。言明が論理体系内で証明できる場合、この言明は偽である。もし言明が偽ならば、それは証明されえず、ゆえに真となり、この言明は証明されてしまう。

彼の次の一手は、単純明快で息を呑むようなものだった。サイエンスライターのジェイムズ・グリックは、それを次のようなことばで説明している。「ゲーデルはある数xが証明できないと言明する数式を作成する方法を明らかにした。それは簡単だった。そのような数式はいくらでもあった。彼は、そのうちのいくつかについてだけ、数xが図らずもその数式と同じであることを示せばよかった」[5]。

ゲーデルは、どのような言明がこの自己言及の制約下にあるのかについては何も語らない。ただ、そのような数のなかには、xが単に数であるだけでなく、まさに言明そのものに変換されえるゲーデル数であることが必然的な数が存在するとだけ語る。彼の矛盾言明を表すゲーデル数を作り出す算術関数は確かに存在するのだが、しかし、形式論理を展開することでは、その真理に到達することができないという、この決定的な自己言及的跳躍によって、この言明の真であることが裏づけられる。つまり、そのパラドックスは論理によって証明することができなくても、言明そのものは、それが正しい算術の結果であることによって証明できるのだ。

＊　＊　＊

彼の方法の革新性についてはこれくらいにして、その直截《ちょくせつ》的な意義を考えてみることにしよう。第一の不完全性定理は、ある公理系が真に無矛盾である場合、それは**不完全**であるということを言明している。体系内部に、真でありながら、その体系の公理だけを用いたのでは証明できない言明が、つねに存在するからだ。だとすれば、たとえば、算術的なゴールドバッハの予想を証明することが困難なのは、（もしかしたら）それがゲーデル的な「真だが証明できない」定理の表れ（まだわからないが）だからかもしれない。第二の不完全性定理*は、第一定理の拡張であり、実際に完全な体系であろうと、それ自体の**無矛盾性**を証明することはできないことを言明している。

*ゲーデルはケーニヒスベルクでは第二定理とその証明を提示しなかったが、のちにそれを第一定理とともに公刊している。

これをさらに簡潔に言い換えるなら、次のようになる。算術を含む任意の形式体系が無矛盾であれば、それは必然的に不完全である。そして、そのような体系が実際に完全であれば、それは矛盾していなければならない。無矛盾にして完全などという至高の目標は、はじめから憧れが生んだ幻にすぎなかった。

何ということだろう。

ウィーン学団が標榜した数理論理学と経験科学の優位は、根幹から打ち砕かれた。彼らの目指したのが形而上学的思考に通じる扉を閉ざすことだったとしたら、ゲーデルはその扉を蝶番ごと吹き飛ばしたといえる。科学者や論理学者にはけして乗り越えられない不思議の壁、ただ、ある種の形而上学的直観によってなら乗り越えられるかもしれない、そういう不思議の壁が、どうやら存在するらしい。

形而上学と直観

経験科学と形式論理学に並ぶ有力な、真理に至る第三の経路、それが形而上学と直観である。ここでいう**直観**とは、精神の内部でのみ経験される洞察であり、経験論や形式論理学では到達不可能な真理の了解のことである。

ゲーデルは、不完全性定理——その方法と内容——を通じて、数学における直観の、本質的で不可欠な役割を確認した。彼は、真であることを厳密に確定できるにもかかわらず、形式論理以外の何らかの方法、すなわち無媒介の直観のような方法によってしか真であることを証明できない、そういう真理が存在することを明らかにした。そうすることで、論理実証主義の使命を無効化し、人間が事物の本質を知るための、科学的信頼に足る有力な方途としての直観を甦らせた。経験論や論理的証明にはしたがおうとしない宇宙の諸相も、精神の内的経験にならしたがうかもしれない。

このような考え方は、ゲーデルにとって、ただの抽象概念ではなかった。アメリカの数学者ルディ・ラッカーは、晩年のゲーデルが自身の数学的直観の働きについて述べたことばを紹介し、「彼は静かな場所に横たわり、余計な感覚をすべて遮断した」と書いている。ラッカーによれば「このような思考が目指す――それは哲学の究極目標でもあるが――のは、絶対者の知覚である」[6]。このような、言わば自己誘発性の感覚遮断を通じてゲーデルは、自分の内的感覚を利用した。それはどの感覚――視覚、嗅覚、味覚、聴覚、触覚――とも似ているようでありながら、ひとつだけ異なるところがあった。この感覚は数学的な対象と過程を直接知覚することができたのだ。ゲーデルは次のように書いている。「どれほど感覚経験からかけ離れているように見えても、われわれが現実に（数学の一形態である）集合論の対象に対して、知覚のようなものを持っていることは、公理がみずから真であることをわれわれに強いてくるという事実からも明らかだ。この種の知覚、すなわち数学的直観を、ほかの知覚を信頼するようには信頼すべきでないと考える理由はどこにもない。わたしには、数学的直観が、形而下《フィジカル》の理論を構築せよ、きたるべき知覚がやがてそれをみとめてくれるだろう、と告げているように思えてならない」[7]。

今も精神の「知覚のようなもの」でありつづけるこの数学的直観の、「感覚経験との隔たり」は、奇しくも、ウィーン学団が「形而上学」ということばで指し示したもののすぐれた定義となっている。ゲーデルは精神の運動によって実在の真理（彼にとっての数学的真理）に到達したというだけではない。同時に、形式論理にはそれが不可能であることを明らかにしたのだ。科学と論理学との長きにわたる懸命な努力に抵抗し、けしてしたがおうとしなかった問題を解決したのは、形而上《メタ・フィジカル》の実践だった。

真であることはわかっているが、それを論理的に証明できない言明があるということが示すのは、論理的・機械的な方法で構築される証明とは独立して存在する数学的真理があるということである。言い換えるなら、公理から定理を導き出すこのような仕方では、**完全に**宇宙を記述し、とらえ、「証明」することができないということは、もはやまちがいない。形式論理学はあらゆる数学的真理を導く最終手段ではありえないのだ。ただ、いえるのは、つねに直観によってのみ了解可能な真理というものが存在するらしいということだ。

したがって、ゲーデルの不完全性定理の成果とは、単にヒルベルト・プログラムに関するある特定の難解な問題を証明したり反証したりということにとどまらない、それよりもはるかに画期的なものだった。宇宙の構造や機能を科学的に理解するためには直観が重要であるという主張を明確にすることによって、ゲーデルは真理を評価する手段としての精神的直観の復権を図り、少なくとも科学が、哲学からえた洞察を再考察する可能性を切り開いたといえる。そして皮肉なことに、それはウィーン学団が形而上学を再考察する可能性でもあった。そのような洞察や思索は、もし実現されていたなら、真理の獲得のために、効果があるだけでなく、必要不可欠な方法でさえあっただろう。

ゲーデルへの応答

ゲーデルの発見はウィーン学団と数学界全体に衝撃を与えた。友人マルセル・ナトキンはケーニヒスベルク会議の消息を知ると、パリからゲーデルに手紙を書いた。「理屈に合わないことですが、わたしは誇らしくてなりません。……きみはヒルベルトの公理系に解決不可能な問題があることを証明したというわけだ――それはすごいことですよ[8]」

ただ、誰もがそれをすぐに理解したわけではなく、ただちにその意味を完全に理解できたひとはほとんどいなかった。ケーニヒスベルクでのゲーデルの報告の現場に居合わせたひとのなかでは、プリンストン大学の数学者ジョン・フォン・ノイマン[*]だけが、帰国してそれを教えるだけでなく、さらに展開するに足る明晰な理解に到達したように見えた。フォン・ノイマンは報告を終えたばかりのゲーデルに詰め寄ると、直接、その意味を確認し、意義を了解できるまで質問を浴びせた。このこととは別に、彼はそのころ独自にヒルベルトの完全性プログラムに取り組んでおり、そういう背景が、ゲーデルの報告を聞き、すぐにそれを理解できる素地をととのえていたのかもしれない。

討議の数週間後、彼はプリンストンからゲーデルに手紙を書き、「この論理学における歴史的発見」をあらためて祝福するとともに、いかなる無矛盾の体系も、無矛盾であることを証明できないということを裏づけるための、彼が考案した「画期的な」補足証明の概要を明らかにした。[9] 残念なことだが、フォン・ノイマンのこの「画期的な」証明は、もちろん、ゲーデルがすでに発見していた第二不完全性定理と本質的に同じものだった。とはいえ、このことは、フォン・ノイマンが完全に「理解し」ていたということをはっきりと示している。のちに、第一回アルベルト・アインシュタイン賞をゲーデルに授与したフォン・ノイマンは、彼の功績について「唯一無二にして記念碑的なもの――いや、それは記念碑でさえなく、時空のかなたからでも目にとまるくらいのランドマークだ」と語っている。[10]

ゲーデルの影響はすぐにイギリスの数学者・哲学者アラン・チューリング*の仕事にかたちとなって表れた。彼はゲーデルの証明を理解しただけでなく、それをさらに展開した。ゲーデルの方法を用いて、ヒルベルト・プログラムの三番目の決定的な要求、つまり、体系は数における**決定可能性**を証明しなければならない——ある問題の解決策が未知であっても、体系がいつかその問題を解決できることは証明可能である——という要求に立ち向かったのである。よく知られる彼の「普遍計算」のための「チューリングマシン」は、最高レベルの思考実験であり、ゲーデルの証明を精緻化したものだった。そこではゲーデルが駆使した形式記号による論理行の代わりに、自己言及的な計算機械が用いられた。

チューリングのすばらしい仮想機械は決定可能性を反証し、そのおかげで、高い理想を掲げる形式主義数学者たちにゲーデルが負わせた傷口はさらに広がった。そしてゲーデルみずからが「算術を含む**あらゆる**形式体系にわたしの証明が適用できることを完全に明らかにできたのは、ただ、チューリングの仕事だけだった」[11]と書くに至る。チューリングマシンは、黎明期のコンピュータ科学の基礎ともなり、その意味では現在のわれわれの生活

*クリストファー・ラングトンに大きな影響を与え、彼を複雑性の探究へと導いたのも同じジョン・フォン・ノイマンだった。
*チューリングの仕事もまた、ラングトンを複雑性の探究へと駆り立てた。

と深いかかわりを持っている。

ウィーン学団の内部では、ゲーデルから受けた理論的損傷を補修する方法が検討されたが、この件に関して議論がはじまると（ほかの多くの議論も同じことだったらしい）いつも声を荒らげての激論になり、メンバーたちは対立する見解を感情的に主張しあったという。哲学と科学の改革はいかにして可能かという彼らの議論にはつねに不遜な態度と楽観的な見方が入り混じり、それが状況を受け容れ、戦略を転換するという判断の妨げとなった。しかし、彼らがいつまでも結論を出せなかったというその事実が、ゲーデルのプラトン的確信を回避する方法が存在しないことを示す決定的な証拠ともなっていた。

ウィーン学団の離散《ディアスポラ》

にもかかわらず、どのようにしてウィーン学団の見解は、現在のわれわれの文化的常識として優位を占めるようになったのだろうか？　彼らの思想は、どのようにして量子力学とゲーデルの不完全性定理から被った二度にわたる痛手を克服したのだろうか？

ウィーン学団は、ただ数学と科学だけが真理を解明するための信頼するに足る方法であるとかたくなに主張しつづけた。物理学の世界では、アインシュタインは量子の不気味さとその意味するところの多くを容認しないとする立場の先頭に立った。その陣営では、ウィーン学団の考え方は実りある基礎をなしている。それは、一般的な呼称も与えられず、コペンハーゲン・スタイルの解釈を決定的に回避する方法――ただそれさえ見つかればよいのだ――は存在するにちがいないとなおも主張する物理学者たちからさえ、それと意識されることなく、今も存続している。

そのうえ、学界全体を見ても、ウィーン学団の思想はほとんど異議を唱えられることがなかった。論理実証主義者たちは、自分たちの宣伝活動にも力を注いだ。実際、ゲーデルが登場するよりさきに、彼らの考え方は会議、研究所を介した個人交流、学術誌上の論文掲載を通じて、すでにヨーロッパと北アメリカの学術コミュニティに広く浸透していた。さらに、イギリスの哲学者A・J・エイヤーは、ウィーン学団の会合に一年間にわたって参加したのち、ほどなく彼らの見解をはじめて英語で論述した著作『言語・真理・論理』を出版した。その後、この本が導管としての大きな役割を果たし、ウィーン学団の思想が英語圏の哲学界に流れ込むことになる（ただし、数十年後、彼は、あれはまちがいだったとして、この著作を否定している）。

しかし、こうしてウィーン学団が影響力を強め、それを今日まで維持するに至る道程には、サークルにかかわる個人にとっても、現実の世界にとっても悲劇的な影がさしていた。恐るべき「隣接可能性」が、彼らのすぐそばに潜んでいたのだ。

ナチス・ドイツの台頭は、オーストリアにおいて、一般社会と学術コミュニティの両方に同時に影響を及ぼした。一九三三年にナチスが絶対権力を獲得するまでに、ユダヤ人であるか否かにかかわらず、研究者たちは一様に海外に新たな活動の場を探しはじめた。

しかし、ファシズムの台頭にもかかわらず、サークルの指導者であるモーリッツ・シュリックは逃げようとしなかった。彼は、穏やかな態度、慎重な状況分析、才能ある若い研究者への懇切な指導で知られ、同僚や学生たちから頼られる存在だった。一九三六年六月二二日、彼は講義に出ようと大学内の階段を上る途中、銃弾に斃《たお》れた。彼を至近距離から射殺したのはかつての彼の学生で、精神錯乱状態だったという。

殺人犯は、ある若い女性をめぐってシュリックと自分が三角関係にあったという個人的妄想から、シュリックの哲学的著作が「退廃的」で「ユダヤ的」である（シュリックはユダヤ人ではなかったのだが）という政治的正当化まで、さまざまな動機を自供した。そして、後者の動機によって、この暗殺事件の大義はドイツ・オーストリア文化の勝利として称賛されることになった。二年後、ドイツがオーストリアを併合すると、ナチス政府はこの男を英雄として刑務所から釈放した。こうして思想家集団としてのウィーン学団は、彼らの愛する町とともに瓦解した。

アインシュタインのドイツからの亡命先であったプリンストン高等研究所が、ゲーデルの招聘を積極的に働きかけた結果、彼は出発の決意を固めた。一九四〇年はじめのその時点では、すでにドイツ国民が直接アメリカへ安全に移動することはほとんど不可能だった。ゲーデルと妻のアデーレは、鉄道で東へ向かい、ナチス占領下のポーランド、リトアニア、ラトビアを経て、モスクワでシベリア鉄道に乗り換え、九六〇〇キロの荒涼たる冬景色のなかを、ウラジオストクへ運ばれていった。そこから船で横浜に渡り、二週間後にサンフランシスコ行きの汽船プレジデント・クリーヴランド号に乗った。サンフランシスコから再び列車で、アメリカを横断してニューヨークに着き、一九四〇年三月、ようやくプリンストンに到着した。

ゲーデルの同僚たちの多くは、イギリス、スイス、パレスチナ、中国——そしてこのことが大きな意味を持つことになるのだが——アメリカの、主要な研究機関の哲学科で身の安全を確保していた。彼らのサークルはその後さらに広く分散し、科学哲学者だけでなく科学者全体に影響を与えるようになった。「カオスの縁」の発見者のひとりクリストファー・ラングトンは、カリフォルニア大学ロサンゼルス校に拠点を移したウィーン学団のメンバー、ドイツ系ユダヤ人のハンス・ライヘンバッハに近い研究者とともに学ぶことによって、科学哲学・科学史に関心を移した。世界各地に散ったウィーン学団の科学者たちひとりひとりが、それぞれの場所で影響力を強め、世代の垣根を超えて、彼らの考え方を一般教養にまで浸透させることによって、その今日の常識としての優位を築いたといえるだろう。

また、彼らの考え方は、一九世紀から二〇世紀への移行期に主流を占めた思潮の反映だったということもできる。宇宙のすべてを説明できるのは科学だけであるという考えは、多くの人びとにとって「直感的に明らか」であり、このことは今も変わらない。

しかし、ウィーン学団は常識を超えようとしていた。歴史を見ても、科学はどのように存在の本質を探究できるのか、探究すべきなのかが、これほど積極的に、これほどの厳密さで問われたことはかつてなかった。彼らと同時代の、そしてあとにつづく、彼らから指導を受けた世代の科学者たちはみな、その大きな影響下にあった。前世紀の半ば、量子の不気味さが議論された理論物理学の、最高度の専門領域を別にすれば、ウィーン学団だけがこのような高い目標に到達することができた。科学が、専門領域にとどまることなく、普遍的な教養としての圧倒的な優位を確立したのである。

その後、二〇世紀後半になって彼らの公然たる影響力が衰えはじめたのは、科学者たちが次第に科学哲学への関心を失っていったからかもしれない。論理実証主義は、時代精神から生じ、時代精神をよく映していたため、その科学へのアプローチがひとたび現代生活に溶け込み、目立たなくなると、もう正当化も説明も必要ではなくなった。

数理論理学や数理哲学の領域の、フォン・ノイマンやチューリングからシリコンバレー、そのさきに連なる計算科学や情報理論の展開は、ゲーデルの直観によって開かれたといえる。この領域において、論理実証主義者たちは、形式主義が目指した理想をすっかり忘れてしまったというわけではないが、彼らの記憶にはっきりと刻まれていたのは、おそらく、その精緻をきわめた成果がゲーデルの一撃で粉々に打ち砕かれたという事実のほうだろう。ウィーン学団の仕事に関心を持ちつづける人びとの心を今も摑んでいるのは、かつて熱狂的に議論されたが、現代の思潮からはほとんど顧みられることのなくなったその教義ではなく、むしろその数奇な歴史のほうである。

プリンストンのゲーデル

ゲーデルはひとり別の道を歩んだ。

プリンストンで彼はまもなくアインシュタインとごく親しい間柄になった。高等研究所が彼に与えたオフィスはアインシュタインのオフィスの真上にあり、すぐに彼ら——奇妙な天才二人組——が、ほぼ毎日、話しながら歩く姿が見られるようになった。

ゲーデルとは親子ほども年が離れた、世界にもっともその名を知られる人物であるアインシュタインは、背が高く、あのとおりのボサボサ髪を、ニット帽でしっかり保護し、だぶだぶのオーバーコートを着込み、冬の寒さを耐えていた。ゲーデルはといえば、いつもこぎれいな身なりで、ネクタイを着け、あつらえのスーツ、コートに身を包み、髪はきちんと梳《と》かし、フェルトの中折れ帽を被っていた。アインシュタインは外向的で、晩年には共同研究者を多く育てたが、ゲーデルのほうは気難しく、ひどく内向的だった。アインシュタインはいわくつきの結婚を二度、経験している。最初の妻ミレヴァ・マリッチは聡明で、今も彼女の相対性理論への貢献を裏づける資料が発掘されている。二度目の妻エルザは従姉《いとこ》で、たえず夫の浮気に悩まされながらも、守護者としての役割を忠実に果たした。一方、ゲーデルは生涯、アデーレだけを深く愛した。ただ、彼の家族は彼女の年齢（七歳年上）と仕事（ウィーンのナイトクラブでダンサーを、のちにマッサージ師をしていた）を理由に、結婚に反対した。

彼らは年中、連れだって自宅と研究室とを歩いて行き来する毎日を繰り返し、アインシュタインの晩年の時期、二人は研究者仲間としてはもっとも親しい間柄にあったといえるだろう。経済学者で（ジョン・フォン・ノイマンとともに）ゲーム理論の創始者のひとりでもあるオスカー・モルゲンシュテルンは、以下のようなことばを残している。「アインシュタインはあのころ、ゲーデルと話がしたいばかりに、いつも何か機会を探しているんだとよく言っていました。もう自分の仕事には大した意味はなく、ゲーデルと一緒に家まで歩いて帰るという特権を行使するために研究所にいるようなものだとも話していました[12]」。また、のちに「アインシュタインは誰よりもゲーデルを高く評価していた[13]」とも言っている。

同じ研究所にいた物理学者フリーマン・ダイソンは「われわれの同僚でゲーデルひとりだけが……アインシュタインと対等の関係で散歩したり、話し合ったりしていた」と回想している[14]。ゲーデル自身は、「われわれの議論は主に哲学、物理学、政治に関するものでした。……どうしてアインシュタインはわたしと話をして楽しいのだろうと思うことがよくありましたが、その理由のひとつには、わたしがしょっちゅう彼の意見に反対で、そのことを隠そうとしなかったことがあると思います」と述べている[15]。

アインシュタインが一九五五年四月に世を去ると、ゲーデルは大きな喪失感に襲われた。アインシュタインがいなくなると、彼の身近には、わずかにアデーレとモルゲンシュテルンがいるだけだった。彼は成人してからずっと、抑鬱症と被害妄想をともなう精神疾患にくりかえし悩まされてきた。そののち、アデーレが健康上の問題から七カ月、入院しなければならなくなると、彼は孤独な生活のなかで彼女の身を案じるあまり、精神の平衡を崩し、以前の症状を再発させてしまう。いつもそばで彼の面倒をみていたアデーレがいないため、ゲーデルの不安と被害妄想は制御不能の状態に陥る。一九七八年一月、彼は毒殺されることを恐れ、食事をとることを拒否し、栄養失調で亡くなる。

ゲーデルの仕事が意味するもの

存在の本質に関して重要な洞察を導き出すことができるのは数学的直観だけにかぎらないということを、忘れてはならない。ゲーデルの場合、その主要な関心は数学におけるプラトン的イデアだったわけだが、内省を通じて別の直観がほかの何かを見出すということがあっても、まったくかまわない。

ゲーデルの特異な直観は、彼の内省的な想像力のうちで生じる**経験**――精神内で知覚される経験であって物質的な実在界で知覚される経験ではない――から導き出されたものだった。われわれにとって、洞察――深い観想のなかからえた経験というべきだろうか――もまた、存在の理論を構築するためのデータの、きわめて豊かな源泉である。観想するのがソファに横たわり、数学的イデアの世界を漂うゲーデルであろうと、壁に向かい、座禅する修行者であろうと、ガンジス河のほとりのヨギであろうと、アヤワスカの呪法を使うアマゾンのシャーマンであろうと、大した問題ではない。

ゲーデル自身、一九六三年、自分の研究がそのようなほかの種類の直観に与える影響をみとめ、母への手紙に「遅かれ早かれ、わたしの証明が宗教に役立つということは予想がついていました。ある意味、そのように理解されることはまちがいではありません」[16]と書いている。彼は宗教上のある種の正統主義を軽蔑しながらも、「今は哲学を研究しても、そのような（宗教的）問題の理解にはあまり役に立ちません。なぜなら、今の哲学者の九〇パーセントは、自分たちの仕事は何よりもまず、人びとの頭のなかから宗教的思考を排除することだと考えているのですから。この意味では、彼らが社会で演じている役割は、不寛容な教会のそれと同じです」と、同時代の哲学に異議を唱えている。[17]

相対性理論、量子力学、複雑性理論は、存在の本質を理解するための現代的な試みの頂点に位置するものだが、経験科学だけで、その意味を完全に了解することはできない。どうしても外部の助けが必要になる。量子物理学者は、けして主体と客体を分離できないことを示し、経験科学の厳然たる限界を明らかにした。そしてゲーデルは、宇宙を理解する鍵を見つけたいなら、純粋な論理学と経験科学の向こう側を探さなければならないということを示した。

本書では複雑性を考察するにあたって、ほとんどの場合、科学的洞察の観点から議論を展開してきた。しかし、すでに見たとおり、量子力学の課題やゲーデルの仕事が示しているのは、現実世界の本質を完全に理解するためには、形而上学的な思索が必要であるということだ。だとすれば、そのような思索は、いったい何を明らかにするというのだろう？

第12章 形而上学の帰還：根源的認知

観想の実践を通じた形而上学的洞察を（細心の注意を払いつつ）積み重ね、その結果をもって、意識に関する最新の科学的議論に参加する自由を与えられていることを、われわれはゲーデルに感謝しなければならない。

観想の実践にはさまざまな方法がある。あるひとはことば（マントラ）やイメージ（マンダラや神のイコン）のような、単一の志向対象の「一点に」精神を集中する。あるひとは執着や判断（「鳥のきれいな鳴き声が聞こえる！」）や嫌悪（「車のクラクションがうるさい！」）にとらわれることなく、あるがままにあらゆる感覚入力に対して精神を開放した状態での、「無選択の」あるいは「開かれた」志向性を重視する。どの方法をとる場合も、長期（数週間、数カ月、数年）にわたる実践を通じて精神の運動そのものを経験することになる。

経験を積むことで観想者は、ゲーデルが数学の本質を直観したのと同じように、精神の本質を精神自体の内部で直観的に了解できるようになる。唯物論を支持する科学者や哲学者がどれほど反論しようと、これらの観察結果は意識に関する有効なデータと見なされるべきである――それらは顕微鏡で確認された細胞の構造とも、高エネルギー加速器で発見された量子スケールの粒子とも、それが高度な観察技術によって明らかにされた自然界に関するデータであるという点では、何も異なるところがない。

このようなデータに関心を持ち、評価するすぐれた科学者や哲学者は存在する。みずから観想を実践し、その結果を自分の科学モデルに組み込むことができる研究者さえいる。しかし、多くの人びとはまだ、観想の実践についてほとんど何も知らないまま、それを出所の確かなデータとは見なしていない。このような時代遅れの偏見は、あのウィーン学団の「形而上学！」という否定の叫びの残響のようなものだといえるかもしれない。しかし、それはあたかも、色覚異常のひとが「赤など存在しない。赤などありえない」と主張するようなものだ。

観想的洞察の問題点

ただ、このようなデータをみとめようとすると、方法論的な問題に直面することになるのは確かだ。一人称の報告を信頼できるだろうか？　現実世界の本質に関する検証可能な真理を主観的に体験することと、勝手な妄想や精神病の症状とのちがいはどこにあるのだろうか？

科学と観想の両方の実践者は、たとえ観想体験がどんなに鮮明であっても、どんなに人生が変わるような出来事であっても、つねに懐疑のまなざしを向けることを忘れてはならない。禅の修行でのわたしの体験が、どれほど鮮明で個人的に意味のあるものであったとしても、どれほどそれが仏教の概念と正確に一致しているように見えても、わたし個人の禅的洞察と仏教の教義とが似ているのは、単にそこにわたしが読み込んできた仏教思想書からの確証バイアスが反映されているからなのかもしれない。科学的データと幻想や妄想を区別するためには、個人の洞察の信頼性を評価できる明確な基準が必要になる。

第一に、報告される体験は一定の深度と再現性をそなえたものでなければならない。たとえそれがその瞬間、どれほど劇的で、「リアル」に見えたとしても、ただ一度かぎりのものでは、まだ信を置くには足りない。第二に、その体験はほかの誰か——できれば同じ実践に関して長く豊富な経験を有する指導者――の評価のフィルターを通過したものでなければならない。このような指導者との関係は、文化ごとに異なる名前で呼ばれる――導師と弟子、教師と学生、師匠と徒弟、先輩と後輩……。精神的訓練のこのような側面は、実際、科学的訓練のそれとあまりちがいはないといえる。すべては経験を積んだ専門家と入門まもない練習生とのあいだの直接のコミュニケーションにかかっている。知識は禅でいう「以心伝心」の関係を通して世代から世代へと継承されていくものなのだ。

知識の源泉としての観想

宇宙が自己組織化するしくみに、複雑性理論がいかに関与しているのかを考えはじめて間もないころ、わたしは複雑な宇宙の構造や過程と神秘主義的思想伝統の洞察とが正確かつ明確に対応しているのを知って目を瞠《みは》った。とりわけ、わたしが注目したのは、ユダヤ神秘主義、ヒンドゥー神秘主義、仏教の形而上学の考え方との類似性だった。のちにわたしと共同で意識に関する研究をおこなうことになる物理学者、数学者、宇宙論研究者メナス・カファトスにこのことを打ち明けると、彼はヒンドゥー教との類似に同意し、さらにカシミール・シヴァ派をこのリストに加えた。

われわれがここに考察することにしたこれら四つの思想伝統に、とりたてて特別なところはない。単に彼かわたしかが、実際に入門・実践していたり、学術的関心を持っていたりするために、よく知っているというだけのことである。もちろん、思想伝統はこのほかにもたくさんある。あなたが詳しい思想伝統にもこれらに類似・関連する考え方がないかどうか、調べてほしい。

これらの思想伝統は、互いにじつによく似通った立場をとる側面がある一方で、大きく立場を異にする側面もまた存在する。このようなちがいが生じる理由のひとつには、思想伝統によってそれぞれ精神から何を引き出そうとするかが一様ではなく、異なる関心にしたがって問いを立てているということがある。たとえば、仏陀は人びとの苦しみの原因は何か、苦しみを終わらせる確かな方法はあるのか、という問いを立てた。あるいはまた、ユダヤ神秘主義者にとっての問題の中心は、多くの場合、はじめに神はどのように宇宙を創造したのか、それからのち、どのように世界を再創造し、維持してきたのかということにある。

観想者がまだ同じ認知状態を体験したことがないひとに、自分の覚知をことばで表そうとすると、必ず何かが失われる。象徴表現——言語的、図像的、数学的——が使われたとたん、意図された標的からずれが生じるのを避けることはできない。

それでもひとはあきらめない！　たとえその体験がもとよりことばを超えたものである

としても、われわれはその言語化できない体験の実相を伝えようとしてことばを探すことになる。そのため、本書ではこのあと、どうしてもことばやイメージによる説明が増えることになる。もちろん、それは必要なことではあるが、方法としては不十分で、満足いくものではない。

これらの思想伝統の多くはそれぞれ探求の目的もちがえば、形而上学的体験を伝えるのに用いられることばや象徴も異なるが、その洞察の結果は、互いに深く関連しあい、重なり合っていることがわかるだろう。それらが解き明かしているのは、存在の基礎をなすさまざまな性質が複雑性理論と一致しているということ、そして自己組織化する宇宙において相補性やホラルキーが鍵となる役割を果たしているということである。

創造と意識

メナスとわたしは、神秘主義的思想伝統の考察を通して複雑性という現代科学の知見に基づく構造と、意識のハード・プロブレムという西欧文化の課題に対する哲学的洞察との両方を一体化した、宇宙の包括モデルを構築することを目標に掲げた。われわれが選んだ思想伝統はどれも観想を通じてそれぞれ独自の興味深い概念にたどり着いている。

これら四つの思想伝統には、以下のように、複雑性による存在の分析結果と一致する要素がいくつもみとめられた。そこから見えてきたのは、宇宙において意識が果たす役割を示す、きわめて明快な枠組みだった。

仏教——明澄な光の精神

仏教の概念の多くは、複雑性理論の宇宙理解とよく一致している。さきに見たとおり、仏教は、相互相依、無常性、万物の空性を直覚することの必要を説くが、それらは複雑性、相補性、ホラルキーの諸相に対応する。

歴史上の仏陀（実在のひとだとすれば）が現実世界の本質を探究しようとみずからの精神の深淵に赴いたのは、苦しみをやわらげるためだった。そして彼は、苦しみの原因が欲望の対象への執着と嫌悪の対象への反感にあることを突き止めた。しかし、実体的存在としての対象が空であるとすれば、執着も嫌悪も霧消する。もちろん、欲望や嫌悪を消滅させるのに、概念だけで足りるとは考えにくい——しかしながら、古今の仏教修行者たちの言説によれば、空性の真理を直覚することでそれは可能であるという。

仏教と科学が提示する現実世界の本質は、二つの異なるものではなく、重要な細部において正確に重なり合う領域を持っている。

意識についていえば、観想中にこのような直覚が生じる精神の深層は、根源的な原初状態にあり、自然発生的・自己生成的で、明るく輝いているという。仏教のある種の思想伝統は、これを「精神の明澄な光」と呼んでいる。もっとも深い観想状態では、ひとの精神は自己完結的ではなく、自己の内部に限定されることなく、広大な、無窮ともいえるような何かに接続している。

洞窟を探検していて、透明な地下水の泉をいくつか見つけたとしよう。それらは別々の泉と見える。しかし、なかに潜ってみると、そこは広大な水中洞窟であるとわかる。それぞれの泉の表面のさざなみは、その下に広がる豊かな水の激しい流れの影にすぎない。

観想者の心のなかは、ちょうどそれと同じである。内部に向かっていくと、大文字の意識Cという（喩えるならば）大きな「地下」の流れに遭遇する。そしてその同じ流れの先に、われわれひとりひとりの小文字の意識cの波が——あるときは静かに、あるときは荒々しく——生じている。*

*死のときには、われわれの小さな心は、かつて来たその永遠の流れを遡り、深みに沈む。この意識の流れの無媒介的体験、「精神の明澄な光」について語るのは、経験を積んだ修行者だけではない。それは臨死を体験した人びとによって報告されてもいる。彼らもまた、文字どおり「新たな光」の下に、人生観を大きく変えるような、茫漠《ぼうばく》とした、悲痛な細部をともなう体験をことばに残している。このような直接的な洞察は、少なくとも部分的には、仏教思想の大きな目的である苦しみの緩和に貢献しているといえる。

ルリアニック・カバラ——創造的潜在力

カバラはヘブライ語で「受容」あるいは「伝承」を意味し、一般にユダヤ神秘主義の実践を指す。ここでは一六世紀のラビで神秘主義者のイツハク・ルリアの学派の教義について見ていく。それは「はじめに」神はどのように宇宙を創造したのか、そしてそれにつづく時々刻々、その創造物をどのように持続させてきたのかという問いを立てる。観想者は永遠の光り輝く意識に遭遇するのだが、これはどこか仏教者が覚知を表現したことばを想起させる。この光はヘブライ語で**エン・ソフ**と呼ばれ、字義どおりには「終わりなし」の意味である。哲学者・神学者のパウル・ティリッヒの造語を借りれば、ルリアの思想は、この光り輝く「存在の基盤」の深遠な創造性を重視する。[1]

仏教がそうであったのと同じように、エン・ソフも、観念論の領域にあって、純粋な大文字の意識を志向しているように感じられる。ルリアによれば、ひとは自分の精神の深層で、想念がおのずと次々に浮かび、また沈んでいくさまを経験するのと同じように、物質的存在が大文字の意識から生じ、来ては去り、また来ては去るのを垣間見ることができるという。言い換えるなら、われわれひとりひとりの意識に生じる想念は、大文字の意識から創造物が生じる過程の反映なのだ。カバリストにとって創造物と意識とは、万物の聖なる源泉の渾然たる表出である。

自分自身の深層に到達することでこの原初の領域に触れられるならば、ひとはその領域に影響を与えることによって、純粋、完全、平安を司る、あらゆる創造物の純化に携わる神の伴侶となることができる。

神秘主義者はエン・ソフからあらゆる存在が顕現する諸段階を詳説している。この聖なる創造性を解き明かした有益な地図には、カバラの**四つの世界**が描かれている。われわれの複雑系宇宙がホラルキーとして理解できるのと同じように、これらの「世界」もまたホラルキーである。

これら四つの世界を表現するためのユダヤ神秘主義の用語は、われわれが科学的に措定した「実在の本質」にも適用できる。最初の世界は**アツィルート**、エン・ソフからの流出である。この言い方は、量子泡が時空から流出する過程を思わせないだろうか？　二番目の世界は、創世記に記されている無からの創造に倣って**ベリヤー**、創造と呼ばれる。これは、量子泡から生じる最小の実体——弦、ループ、場、粒子など——が自由に相互作用しあうことを想起させる。三番目は**イェツィラー**、形成である。これは、標準模型の粒子や量子場によってもろもろの実体が相互に作用しあい、原子や分子を形成する過程に対応する。最後は**アッシャー**と呼ばれるもので、これは活動や行為の場となる現実世界であり、生物——あらゆる生命——がその潜在性を実現する物質界である。これら四つの世界は、量子的、原子的、化学的、生物学的スケールにおけるそれぞれの過程が自己組織化の四段階と見なされるのと同じ意味で、創造の四段階であるといえる。ここではエン・ソフは、一個の独立した物質宇宙を創造するのではない。あふれ出すあらゆるものが、細部の至るところに神を宿す――シームレスで深遠な――全体なのだ。

このようにカバラは、「はじめに」創造はいかにおこなわれ、それ以降、このホラルキー的宇宙の創造はいかにして時々刻々、くりかえし更新されているのかを概念図のかたちで示してくれる。注目すべきは、この不思議なくらい正確な地図が科学実験からではなく、内省から導き出されたということである。ここには、言語と文化を異にする二つの枠組みが、何も異なるところのない、同じひとつの現実世界の本質をとらえていることが示されている。*

アドヴァイタ・ヴェーダーンタ――不二一元論

ヒンドゥー教において、とくに注目したいのはヴェーダーンタである。これはウパニシャッドとして知られる古代ヴェーダ経典に由来する精神的な教義と実践であり、存在の二つの側面を重視する。それが現実の聖なる源泉**ブラフマン**と、物質界の外観**イーシュワラ**である。両者の関係はエン・ソフとカバラの四つの世界との関係に似ている。

この神秘主義思想伝統の核心をなすのが、**不二一元論**《ノンデュアリティ》の概念である。ブラフマンは**不二一元論的**《ノンデュアル》（アドヴァイタ）な、主体と客体との、すなわち観察者と被観察者との分離がない存在状態——個別の性質への分化が、まだ始原の潜在性にとどまる、明確な顕現がない状態——とされる。

対照的に、イーシュワラは**二元論**《デュアリティ》の状態にあり、それはわれわれの通常の世界経験である。そこには主体と客体の分離があり、客体は観察する主体の外部に存在する。それゆえ「わたし」は「それ」を観察でき、「あなた」は「これ」を観察できる。二元論とは、量子力学における光の波動・粒子の二重性《デュアリティ》や相対性理論における物質・エネルギーの二重性《デュアリティ》のような、異なっているが相補的な性質による宇宙の説明であり、また、それにとどまらず、光と闇、男性性と女性性、生と死などのような非科学的な差異もまた、二元論を構成する要素となる。

意識の面では、この思想伝統の観想者は、ブラフマンの体験を、純粋・不変・永遠の、

＊宇宙がどのように生じるかを図解した、もうひとつのよく知られるカバラの「地図」に「生命の樹」がある。これは一〇（または一一）のセフィロート——純粋な聖なる創造の光から存在を保護する、フィルターあるいはヴェールとしての役目を果たす神の属性——によって構成される。セフィロートの詳しい解説は本書のあつかう範囲をはるかに超える。関連資料は、英語・日本語をはじめとするさまざまな言語で読むことができる。巻末の「参考資料」を参照。

光り輝く場というような、仏教者やカバリストとよく似たことばで表現しているが、それだけでなく、その絶対的で不二一元論的な認知の性質も強調している——それは完全な認知の場であり、主体も客体もなく、ただ大文字の意識Cそれ自体が、認知していることを認知しているだけの、認知に対する純粋認知の状態である。朝、目覚めたとき、あなたはこのような感覚をわずかに経験することがあるかもしれない。そのとき、「わたし」という認知機制が組織される精神活動や身体感覚を意識するよりも先に、すでにあなたは自分が認知していることに気づいている。

カシミール・シヴァ派——宇宙の発生

このヒンドゥー教の思索システムの派生形態は、一元論《ノンデュアリティ》と二元論《デュアリティ》のあいだの相転移をつぶさに探究しようと試みる。シヴァ派は**タットヴァ**（サンスクリット語で存在の部分、原理、過程を意味する）について多くのことばを費やしているが、なかでも興味深いのは、深層に存在する一元論的な認知の内部で主体と客体の分離がどのように生じるかを、五つの「純粋な」タットヴァによって詳解していることである。* シヴァ派の探究が目指すのは、一元論的な大文字の意識Cが宇宙に顕現するさまざまな二元論を作り出す過程を明らかにすることである。

これは非常に難解な概念だが、単純化するなら、主体である「わたし」が存在するという感覚と、客体である「それ」が存在するという感覚とは、もともとは単一の認知の内部で完全に渾然一体となった**潜在性**にすぎないということである。それが徐々に分離するにつれ、「わたし」性がその単一性の内部でかたちを取りはじめる。さらに変化が生じ、つづいて「それ」性が表層に現れはじめる。しかし、その変化はまだ潜在的なものにすぎない。次の段階では、両者の姿はさらに明確になるが、差異化が進行しているにもかかわらず、依然として単一性は保たれている。最後の段階でようやく両者は完全に分離し、主体と客体の顕在化は完成する。これが二元論の発生する瞬間である。

わたしがわかりやすいと思う仕方で（少し極端に）単純化するなら、これは、ひとが行動を起こすほんの一瞬前の、その行動の**意図**のありようと似ているといえる。意図が結晶するまえに**衝動**が生じる。衝動は無意識の暗がりからそっと意識に忍び込む。

そのとき、きわめて多くのことが起きているのだが、行動の瞬間までひとは何も気づかない！

＊これはルリアニック・カバラでいう、エン・ソフから流出するアツィルートに対応すると考えられる。

これら四つの思想伝統の、それぞれの観想実践から導き出された解釈は、互いに補完しあいながら、時空や量子泡に先立って存在する、物質的実体を超えた何か、すなわち大文字の意識Cを指し示しているように見える。それは一元論的な純粋認知で構成され、創造的な光に満ち、主体と客体へと差異化を進めながら、その内部に存在を横溢《おういつ》させる。

これらの思想伝統と複雑性理論の宇宙観との関係は、あの群盲と象の寓話を思い出させる。ひとりの男は象の鼻を蛇だと言い、別の男は象の足を木だと言う。ある男は胴体を壁だと言い、またある男は尻尾を鞭だと言う。それと同じように、問いの立て方、ものの見方、現実世界の本質についての論点の違いによって、同じパズルでも、手に入るピースと手に入らないピースがあるのだ。

メナスとわたしは、これらの形而上学的観点は相互に整合性が取れているだけでなく、複雑性理論とのあいだでも整合性が取れていることに気づいた。それらはすべてシームレスな全体へと融合し、その鼻や足や胴体や尻尾は、やがて一頭の象としての全体像——大文字の意識Cであり、存在の基盤としての一元論的意識であり、以下において**根源的認知**と呼ぶことになるもの——を明らかにする。

＊＊＊

融合——根源的認知

現実世界の本質を探究するこれら三つの重要な方法——経験科学（複雑性理論）、哲学（観念論）、形而上学（仏教、カバラ、ヴェーダーンタ、シヴァ派）——をひとつに織りあげることでわかるのは、プラトン的イデアの領域とは、この純粋認知の一元論的領域、すなわち、主体・客体の二元論へと分離する以前の根源的認知にほかならないということである。[2]

シヴァ派は、創造のプロセスにおいて鍵となる結節点の役割を果たす。主客分裂の相乗作用と二元論への巧妙な分離に関するこの緻密な理論は、創造の瞬間を正確なことばで解き明かしている。「分離」とはお互いが離れることであり、**距離**の発生を意味する。それは空間的な距離であり、時間的な（そしておそらくその他の次元における）距離でもある。われわれはこれらを所有するときはじめて時空を所有する。そのとき、創造の最初の行為が終わる。一元性は二元性に道を譲り、存在の構造が生まれる。

時空はエネルギーに満ち、量子泡となる。量子泡に生じる実体は相互に作用しあい、自己組織化し、亜原子粒子、原子、分子となり、物質宇宙全体となる。

これら形而上学的洞察を組み込むことによって、われわれは、より完全で矛盾のないかたちで、生命と意識をそなえたホラルキー的な自己組織化する宇宙として、存在を記述できる明快なモデルを手にする。存在は意識それ自体から――一元論的な純粋認知から生まれてきたものなのだ。

宇宙はそれ自体が最初の主体であり客体である。根源的認知の、深遠で無尽蔵な潜在的創造力が自己認識のメカニズムを発動する。アブラハム一神教の神秘主義者たちは、この原初の一元論的意識こそ、神の最深層の実在性であると説き、創造の意志はそこにあると考える。スーフィーの指導者、ハズラット・イナヤット・カーンは言う。「この宇宙全体は、神がご自身を知るために作られたものである。種子は己が何であるのか、内には何があるのかを知りたかった。ゆえに木になったのだ[3]」。

根源的認知が意味するもの

もう一度、意識のハード・プロブレムについて考えてみよう。根源的認知の観点に立てば、それはもうそれほど難問ではない。認知こそ、あらゆる存在の基礎となる根源であり本質である以上、宇宙はその全体性においても、どの固有の細部においても、定義上、その認知内容以外の何ものでもない。

ここで言う「認知内容」とは何か？　ひとが心に思い浮かべる考えはそのひとの認知内

容である。ひとが感覚を通して世界を知覚するとき、そのひとが心のなかで経験する世界は、そのひとの認知内部での経験である。夢は夢見るひとの心の（なかでの経験の）内容である。

これと同じように、時空と量子領域は大文字の意識内での経験である。標準模型の粒子と量子場も、大文字の意識内での経験である。原子や分子、岩や薔薇、アリのコロニーや鳥の群れ、経済や生態系、恒星や惑星、銀河や宇宙の大規模構造、そしてダークマターやダークエネルギーさえも、すべて大文字の意識内での経験でしかない。

あなたやわたしにしても同じことだ。「われわれはみな星屑」である以前に、純粋な意識であり、純粋な認知である。

そうして新たに二つの困難な問題《ハード・プロブレム》がこれにつづく。第一の問題は認知の変換に関するものだ。人間の脳はどのようにして大文字の認知A《Awareness》を、われわれひとりひとりが自分の精神として覚知するものに変換するのだろうか？　それが生起する量子的、分子的、細胞的メカニズムとはいったいどのようなものだろうか？　メナスとわたしの考えによれば、「意識に相関した脳活動は、脳が認知を作り出すしくみを示す手がかりではなく、脳が大文字の認知をひとりひとりの認知に変換するしくみを示す手がかりである」ということになる。[4]

もうひとつの困難な問題《ハード・プロブレム》は、変換器に関するものだ。脳は大文字の意識**のなかに**存在するのだから、この大文字の意識の変換器それ自体も大文字の意識で構成されているにちがいないということである。ちょうどラジオが電波でできているのと同じように。そしてわれわれは不意に自分が、ゲーデルの証明やチューリングマシンがそうであったのと同じ『不思議の国のアリス』的な自己言及性のなかにいることに気づく。このことは偶然の一致ではないとわたしには思えるのだ。

あらゆるスケールのレベルで、これらの再帰的諸相が、永続不変のプロセスの**流れ**から生じることをわれわれは見てきた。あらゆる存在は、差異化（根源的認知の内部で）、流出（時空と量子泡の）、自己組織化（より高レベルのあらゆるスケールで）によって生まれる。これらのプロセスを通じて相補性が生まれる。あたかも流れ[*]、相補性、再帰が三位一体となってグローバルな性質、何か普遍的「法則」のようなものを形成しているかのように見える。これらは、存在がどのように一元論的意識から発生するかを示すもっとも重要な特徴である。世界を構成するあらゆる要素は、螺旋状の上昇・下降を同時におこないながら再帰的に結びついている。

もちろん、まだ直感にすぎない。しかしながら、ここまで示してきたことはこの根源的認知のおおよその枠組みを厳密な数学理論に変えるための基礎をなしている。[5]この探究のすばらしいのは、ここでは科学と精神とが不可分の状態で全体を構成しているということである。

そのさらなる意味

われわれがこれを根源的認知の統合モデルと呼ぶのは、それが科学、哲学、形而上学という三つの利用可能な領域すべてからえられた知識を綜合するものだからである。それはおそらく意識に関する、さらに一般化するなら、存在に関するほかのどのモデルよりも包括的である。この包括性は、あらゆる種類の学際的研究、交流、その他のどんな思いがけない創発にも対応できるプラットフォームとしての役割を果たすだろう。

科学に関して言うなら、ここには量子力学、相対性理論、複雑性という二〇世紀に成果をあげた三つの理論が綜合されている。それはコペンハーゲン解釈と完全に合致しており、量子力学が意識に関して示唆する直観を排除するものではなく、存在のすべてのスケールにわたる科学領域——物理学、化学、生物学——にあって、スケールに依存する「事物」の自己組織化するホラルキーを含んでいる。

＊メナスとわたしは「流れ」ではなく「プロセス」ということばを用いることがある。これは後述するホワイトヘッドのプロセス哲学を念頭に置いてのことである。

それは奇妙に見える量子の領域から、正常と見える日常の古典力学的領域まで、自由に航行することを可能にする方法のさきがけとなるものである。また、それはアルゴリズム的にプログラムされたコンピュータは人工**知能**を作り出すことはできても、ほんとうの意識を作り出すことはできないということを示唆してもいる。なぜなら、意識は複雑なプログラミングの作り出す単なる創発特性ではないからである。「本物の」人工知能を作りたいのなら、コンピュータも脳と同じように、認知の変換器になる必要がある。しかし、それは複雑なプログラミングの範疇を超える問題のように見えるのだ（未来のエンジニアには不可能ではないのかもしれないが）*。

なお議論のつづく分野での科学研究にも、扉は開かれている。体外離脱、予知能力、遠隔透視、臨死体験などの超常心理現象や超自然現象の調査は、この意味で時間と資源の投資を継続する価値はあるといえる。このような調査によって、脳から自立した精神の能力が確認されれば、脳が精神を作り出すという唯物論的な考え方が否定されることになるかもしれない。そしてすでに見てきたように、鍼治療、エネルギーヒーリング、アーユルヴェーダなどの療法に関して、健康や治療の分野で文化の境界を越えて対話するための共通言語が出現することになるかもしれない。しかし、このような考えは危ういとまでは言わなくとも、唯物論的科学者や医師をどこか不安にさせるところがある。われわれはこれらに一概に不審の目を向け、落とし穴であるかのように忌避するのではなく、人間の未開発の能力が潜む可能性の泉ととらえるべきだろう。

最後に強調しておきたいのは、この統合システムが、プラトンに始まり、スピノザやカントによって展開されてきた観念論哲学とよく合致するということである。二〇世紀になると、ホワイトヘッドは、「プロセス哲学」として知られるようになる彼の思想において、現象としての宇宙は、単にその非物質的基礎であるプロセス、相互作用、関係性に対応する宇宙という経験の影にすぎないと主張した。これら哲学者たちの考えは、物理学者ボーア、ハイゼンベルク、プランク、数学者・論理学者ゲーデル、フォン・ノイマン、チューリングの考えとも一致している。

この世界がわれわれから明確に完全に独立していることは、日々の感覚がおのずからそれを証している。アインシュタインはそうでなければならないとかたく信じていた。**あら**

＊未来のエンジニアリングとはどのようなものだろうか？　可能性としての条件をひとつ挙げるなら、機械によってほんとうの意識を作り出すためには、機械が純粋に反復的な、アルゴリズム駆動のものにならないように、何らかのかたちで抑制無秩序を組み込む必要があるということだろう。意識は、普通、容易には姿を見せず、量子スケールの出来事から現れてくる。おそらく、1ビットの情報が0か1かでエンコードされるのではなく、演算の瞬間まで0と1の重ね合わせとして保持される、ほんとうの意味での量子コンピューティングならば、根源的認知を変換することができるかもしれない。しかし、現在のAIの方向性には、わたしはまだ確信が持てないでいる。

ゆるものは事物のようにしか見えないという「あたりまえ」の思想を支持する経験科学に、この社会は、長らく特権的な立場を与えてきた。にもかかわらず、物質的客体はそれぞれ自立した存在であり、相互に分離した状態にあるという考えは、知覚と直感によって作り出された幻想である。部分は全体から切り離されてはいないし、切り離すこともできない。われわれひとりひとりは、無感覚な無生物的宇宙のなかのとるに足りない歯車のひとつにすぎないと考えるのは、まちがいである。ひとはみな孤立し、孤独であるという考えは、集団妄想である。それは神経発達的、本能的、教育的な馴致《じゅんち》によって作り出されたものだ。みな、それによって無垢であるが素朴ではない、あの連帯の感覚を忘れさせられている。その感覚は、ひとりひとりが自立しているらしく見えるこの人生がはじまる前、母胎にいたとき、確かにわれわれにそなわっていた。

しかし、忘れたことは学び直せばよい。失ったものはまた見つければよい。どんな誤解をしていたとしても、いつどの瞬間であろうと、生まれたばかりの自分の、新しい本質を、また見出せばよいのだ。

あとがき

二一世紀が日々、きびしい試練の連続であることはどうやらまちがいなさそうだ。世界中が熱波に見舞われ、パンデミックに襲われ、至るところ、政治・経済は混乱をきたしている。息づまるような不確かさにさらされながら、平静を保ち、希望を失わないでいるのは容易なことではない。その不安を少しでも軽くするためにわたしに何かできるとしたら、複雑性に期待をかけることくらいだろう。

生命は今、カオスの縁にいる。

しかしながら、大量絶滅の危惧さえあるとはいえ、世界や人間の新たなあり方を模索する創造性の胎動も感じられる。隣接可能性の雲が湧き起こるのも感じられる。少し視野を広げれば、自分の呼吸と心拍が、観想のときと同じように、ゆったりと落ち着いていくのがわかる。恐れにとらわれた悲観的な心をこじ開け、善悪や生死の概念を超え、何が起きようと世界全体が活動し、認知し、みずから行為しているという信念のほうへと歩を進める。わたしがじつにたくさんの苦悩や喪失を恐れているのはまちがいないが、それでもそれらを超越したところに、真理は相補性において**等しく**実在するのだということを、かたときも忘れたことはない。それが心を癒してくれるわけではないが、落ち着きを取り戻すための慰めにはなる。

複雑性のおかげで、わたしはただ頭を低くし、身を竦《すく》めているだけでなく、どうすれば自分のまわりの世界に参加できるかを考えるようになった。おおげさな身振りは必要ない。あらゆる効果はローカルなものであり、一頭の蝶の羽ばたきが、より大きな世界で何を作り出すことになるかは誰にもわからないのだから。だから、ひとはあらゆる瞬間に適応変化を生み出す機会があることを忘れてはならない。そうして人びとのあいだに活発な相互作用を培い、社会への恒常的なフィードバックループを強化し、勇気を持ってトップダウン制御（のように見えるもの）に抵抗し、何ものも確定してはいないし、不動でもないという信念を持ちつづけなければならない。どの瞬間にもランダムな潜在性があり、その新たな可能性は驚きに満ちている。その瞬間、喫緊の事態が生じているとしても、救いの手はすぐそこまで来ているかもしれないし、もしかしたら、自分がかかわった何かが、その救いの手でないともかぎらない。

複雑性は、観想を通じてこうした真理の直接体験を深化させることの大切さを教えてもくれる。わたしが観想をおこなうようになったのは「何か――認知の転換、啓蒙の体験、日常経験を**超え**、自己の限界をも**超えた**もの――をえる」ためだった。しかし、今はすでに――さきにも記したとおり――科学に基づいて、ひとが求めるものは自己を超えた何かではなく、自己の深層にはじめから存在する何かであることを知っている。

事実と理論の知識だけでは――どんな天才であろうと――真理に到達するには足りない。たとえそれがアインシュタイン、ハイゼンベルク、ゲーデルのようなひとであろうと、このことに変わりはない。しかし、そのような事実や理論は、自己の内部に目を向けたときに見えてくるものがけして夢や幻ではないという自信をひとに与えてくれる。ひとは身体であり、分子であり、原子であり、量子実体であり、量子泡であり、時空のエネルギー場であり、究極的には、プランク単位の瞬間ごとに生じる根源的認知である。この身体と精神、この心と魂こそ超越的現実である。それは他所のどこかではなく、手を伸ばさなければえられないものでも、出かけていかなければたどり着けない場所でもない、まさにこの瞬間の、この身体なのだ。これまで明らかにしてきたとおり、われわれの最良の、もっとも現代的な科学と哲学は、そのような覚知が正確なものであり真実でもあることを裏づけている。

ただ、これらの概念を万能薬として推奨しようというのではない。大量絶滅の淵にあっては、ことばや思想だけではどうにもならない。わたしはそういう状況をごく身近に知っている――ホロコーストを生き延びたものの子どもとしてわたしは、家族の、都市の、文化の絶滅についての、ことばにされた物語や沈黙にゆだねられた物語に囲まれて育った。エイズの蔓延するニューヨークで成人したひとりの同性愛者の青年として、夥《おびただ》しい死のただなかで人間に降りかかるさまざまな経験を引き受けもした。

そうして大量死や社会崩壊の危機に瀕したひとは、ことばや概念では救えないのだということを身をもって知った。ことばや概念では誰を救うこともできない。死にはよい死とひどい死とがあるということも知った。生き延びたものは、傷ひとつないこともあれば、すっかり壊れてしまっていることもあった。ちがいはどこに生じるのだろうか？　それは、どれだけ早く、回復力や冷静さと環境との折り合いをつけられるかにかかっている。

複雑性が解き明かす真理は、そういう回復力や冷静さを培うために自分なりの実践を工夫することの必要性をわれわれに突きつけてくる。そのような実践は、本来、幾世代もかけて磨かれた経験によってようやくかたちをなすものだが、わたしが本書で示そうと試みたように、現代社会の成果である最良の科学によってそれを検証することもできる。

複雑性は関心を高めてくれる。複雑性は参加を促してくる。複雑性は、気が遠くなるような無辺の全体のなかにあって、ひとがいかに極小の部分にすぎないかを示すことで、謙虚さを求めてくる。複雑性は自信を与えてくれる――われわれのどんなに小さな身振りやささいなひとことにも、世界全体を覆うある可能性の雲を別の可能性の雲に変える力が潜んでいるのだから。

複雑性は慰めを与えてくれる。どれほど孤立し、孤独を感じていようと、ひとはひとりひとりが――ひとつひとつどの瞬間にも――生きて覚めている宇宙全体の純粋な表出であるということを、否応なく、一点の翳《かげ》りもなく示してくれる。何も分離せず、何も排除せず、われわれはただ存在するだけで、真実であり、無垢であり、完全である。

訳者あとがき

本書は Neil Theise, *Notes on Complexity: A Scientific Theory of Connection, Consciousness, and Being* (Spiegel & Grau, New York 2023) の全訳である。

著者のニール・シースは、ニューヨーク大学グロスマン医科大学院教授、病理学を専門とし、成体幹細胞の可塑性や間質の組織などの研究で知られ、これがはじめての著書となる。アポロ十一号月面着陸の中継放送を一〇歳のときに見たというから、一九五八年か五九年の生まれだ。専門の領域では、二〇一八年、他の研究者との連名で発表した論文において、これまで人体の一組織にすぎないと考えられていた間質は、固有の生理機能を営む臓器ととらえられるべきであるとする（本書で語られる「細胞説」のエピソードを思わせる）見解を示し、多くのメディアに取り上げられている。このほか、専門を異にする科学者やアーティストと共同で、長年にわたり、複雑性理論に関する研究をつづけてきた。

その成果をまとめ、一般読者向けに著したのが本書である。

著者は本書において、身近な例に即しながら、システムとしての世界のふるまいと、世界を構成するもろもろの部分が相互に影響しあうようすとをわかりやすく解き明かすことによって、「複雑性」の簡潔な見取り図を提示している。ただし、彼の目的地はそこではなく、もっと先にある。「複雑性」を支える概念である「二重性」や「相補性」を結節点とし、彼はその関心を世界の構造から、それを認知する意識の根源のほうに向ける。極小から無限に至る無数の部分が、どのようにしてシームレスな全体を構成するのか、われわれはそれをどのように認知するのか。そのような世界に対する意識のあり方を探究するのに必要となるなら、形而上学の領分に踏み込むこともためらわない。彼は科学者であるだけでなく、禅仏教の実践者でもあるのだから。

そのとき、著者は、「わたし」には世界がどのように見えるのか、「わたし」はどのようにして世界を経験するのかという私的な視点や姿勢に、あえて根拠を与えようと試みる。あくまでも直観的なのだ。つまり、同時代の北米に生きるひとりの探究者である「わたし」の直観に基づく世界像にしたがって、読者は日常のレベルから、徐々にスケールの異なるレベルへと誘い出されることになる。そうして宇宙の果てまでたどり着き、どうやら「わたし」もまた世界という謎の一部分であるらしいと気づく。

さまざまな科学的事象や思想的意匠からなる本書は、それ自体がひとつの精巧なシステムのようだ。部分の総和が全体を超えるような仕方で書かれている、と言うべきだろうか。読み進むにつれ、いくつもの概念が相互に作用し合い、生き生きと動き出す。これはある種のすぐれた哲学書やＳＦ小説に似ている。そう思いあたったのは、翻訳作業も終わりに近づき、四つの思想伝統に関する箇所の訳し方をあれこれ考えながら、井筒俊彦の『意識と本質』を読んでいたときのことだったが、それだけでなく、実はその本のなかに、こんなふうに書かれているのを見つけた。東洋哲学研究の泰斗である彼も、よく知られるとおり、禅の修行者だった（「参考資料」に記されてはいないが、井筒には The Structure of Selfhood in Zen Buddhism〔禅仏教における自己の構造〕という、これと主題を同じくする英語論文もあるようだ。シースはそれを読んでいるのだろうか）。

> 禅ではよく主客未分とか、主客の別を超えるとかいうが、これは主（認識主体、「我」）と客（認識の志向する対象としてのもの、事物的世界）を超越して遠い地平の彼方、茫漠模糊たる世界に行ってしまうことではない。主と客をそれぞれ主と客として成立させる可能性を含みつつ、しかもそれ自体は主でも客でもない或る独特の「場《フィールド》」の現成を意味する。主と客、我ともの、とを二つの可能的極限として、その

間に張りつめた精神的エネルギーの場。それは今言ったように、それ自体では主でもなく客でもない。ものでもないし、またそれを見ている我でもない。つまり、そこには何もない。絶対無分節であり、絶対無意味である。臨済はこれを「人境倶奪」と呼ぶ。

「禅における言語的意味の研究」（『意識と本質』井筒俊彦〔岩波文庫〕三六九頁）

井筒が現代物理学に対してどのような考えを持っていたのか、「場《フィールド》」や「エネルギー」と言うとき、具体的な何かを思い浮かべていたのかは知らない。ただ、本書をひととおり訳し終えたあとでは、シースの用いたいくつかの概念を借りて、『意識と本質』からのこの引用を注解するのは、それほど難しいことではないような気がする。

読む側から訳す側へ、わたしを連れ出してくださった翻訳家の古屋美登里さんと、この本を訳す機会を与えてくださった亜紀書房の内藤寛さんに、心から感謝を伝えたい。ともかく今は、ニール少年の家にふらふらと迷いこみ、キッチンで思いがけず、パン屑と遭遇したあのアリと同じ気持ちだ。

二〇二四年七月一七日

西村正人

Rebecca Goldstein, *Incompleteness: The Proof and Paradox of Kurt Gödel* (New York: W. W. Norton, 2005), 33.
13. Oskar Morgenstern, diary, Oskar Morgenstern Papers, David M. Rubenstein Rare Book and Manuscript Library, Duke University, quoted in Budiansky, *Journey to the Edge*, 218.
14. Freeman Dyson, *From Eros to Gaia* (New York: Pantheon, 1992), 161. [フリーマン・ダイソン『ガイアの素顔——科学・人類・宇宙をめぐる29章』幾島幸子訳（工作舎2005年）]
15. Kurt Gödel to Carl Seelig, September 7,1955,quoted in Budiansky, *Journey to the Edge*, 217.
16. Kurt Gödel to his mother, October 20, 1963, quoted in Goldstein, *Incompleteness*, 192.
17. Kurt Gödel to his mother, September 12, 1961, quoted in Budiansky, *Journey to the Edge*, 268.

第12章

1. Paul Tillich, *Systematic Theology*, 3 vols. (Chicago: University of Chicago Press, 1951). [パウル・ティリッヒ『組織神学3』土屋真俊訳（新教出版社2018年）]
2. Neil D. Theise and Menas C. Kafatos, "Fundamental Awareness: A Framework for Integrating Science, Philosophy and Metaphysics," *Communicative and Integrative Biology* 9, no. 3 (May 2016) : e1155010. doi.org/10 1080/19420889.2016.1155010.
3. Hazrat Inayat Khan, Supplementary Papers, "Class for Mureeds 7," Hazrat Inayat Khan Study Database, https://www.hazrat-inayat-khan.org/php/views.php?h1=46&h2=47
4. Theise and Kafatos, "Fundamental Awareness," e1155010.
5. Neil D. Theise, Goro Cato, and Menas C. Kafatos, "Gödel'sIncompleteness Theorems, Complementarity, and Fundamental Awareness." In *Quantum and Consciousness Revisited*, eds. Menas C. Kafatos, Debashish Banerji, and Daniele S. Struppa (New Delhi, India: DK, forthcoming).

Organization of the Universe," *Journal of Consciousness Exploration and Research* 4, no. 4 (April 2013) : 378–90.

3. Werner Heisenberg, *Das Naturgesetz und die Struktur der Materie* (1967), as translated in *Natural Law and the Structure of Matter* (London: Rebel Press, 1970), 34.

第11章

1. Stephen Budiansky, *Journey to the Edge of Reason: The Life of Kurt Gödel* (New York: W. W. Norton, 2021), 47. [スティーブン・ブディアンスキー『クルト・ゲーデル』渡会圭子訳（森北出版2023年）]
2. Budiansky, *Journey to the Edge*, 47.
3. Budiansky, *Journey to the Edge*, 47.
4. Budiansky, *Journey to the Edge*, 60.
5. James Gleick, *The Information: A History, a Theory, a Flood* (New York: Pantheon, 2011), 184. [ジェイムズ・グリック『インフォメーション：情報技術の人類史』楡井浩一訳（新潮社2013年）]
6. Rudy Rucker, *Infinity and the Mind: The Science and Philosophy of the Infinite,* rev. ed. (Boston: Birkhäuser, 1982; Princeton, New Jersey: Princeton University Press, 1995), 169. Citation refers to the Princeton edition. [ラディ・ラッカー『無限と心——無限の科学と哲学』好田順治訳（現代数学社1986年）]
7. Kurt Gödel, "What Is Cantor's Continuum Problem?," in *Collected Works*, ed. Solomon Feferman et al, vol. 2, *Publications 1938–1974* (New York: Oxford University Press, 1990), 268.
8. Marcel Natkin to Kurt Gödel, June 27, 1931, quoted in Budiansky, *Journey to the Edge,* 131.
9. John von Neumann to Kurt Gödel, November 20,1930, quoted in Budiansky, *Journey to the Edge*, 132.
10. John von Neumann, "Statement in Connection with the First Presentation of the Albert Einstein Award to Dr. K. Godel, March 14, 1951," Albert Einstein Faculty File, Institute for Advanced Study, https://albert.ias.edu/server/api/core/bitstreams/5bba22d4-e3c8-47d2-85ca-83fb4b6e01dd/content
11. Kurt Gödel to Ernest Nagel, March 14, 1957, quoted in Gleick, *The Information*, 207.
12. Oskar Morgenstern to Bruno Kreisky, October 25, 1965, quoted in

第7章

1. Albert Einstein to Max Born, December 4, 1926, in *The Born-Einstein Letters 1916–1955: Friendship, Politics, and Physics in Uncertain Times*, ed. Max Born, trans. Irene Born (New York: Macmillan, 1971), 88. [アルベルト・アインシュタイン & マックス・ボルン『アインシュタイン・ボルン往復書簡集 1916－1955』西義之・井上修一・横谷文孝訳（三修社 1981 年）]
2. Albert Einstein to Max Born, March 3, 1947, in *The Born-Einstein Letters 1916–1955: Friendship, Politics, and Physics in Uncertain Times*, ed. Max Born, trans. Irene Born (New York: Macmillan, 1971), 155.
3. Richard Feynman, *The Character of Physical Law* (Cambridge, Massachusetts: MIT Press, 1965), 129.
4. Erwin Schrödinger to Albert Einstein, August 19, 1935, quoted in Arthur Fine, *The Shaky Game: Einstein, Realism, and the Quantum Theory*, 2nd ed. (Chicago: University of Chicago Press, 1986), 82. [アーサー・ファイン『シェイキーゲーム――アインシュタインと量子の世界』町田茂訳（丸善 1992 年）]
5. J. W. N. Sullivan, "Interviews with Great Scientists: V.I.—Max Planck," *The Observer* (London), January 25, 1931: 17.

第8章

1. John Archibald Wheeler, "Geons," *Physical Review* 97, no.2 (January1955) : 511–36, https://doi.org/10.1103/PhysRev.97.511.
2. Richard Feynman, talk given at the University of Southern California, December 6, 1983, quoted in Timothy Ferris, *The Whole Shebang: A State-of-the-Universe (s) Report* (New York: Simon & Schuster, 1997), 97.
3. Arthur Koestler, *The Ghost in the Machine* (NewYork: Macmillan, 1967), 103. [アーサー・ケストラー『機械の中の幽霊』日高敏隆・長野敬訳（ちくま学芸文庫 1995 年）]

第9章

1. David Chalmers, "Facing Up to the Problem of Consciousness," *Journal of Consciousness Studies* 2, no. 3 (1995) : 200–19.
2. Neil D. Theise and Menas C. Kafatos, "Sentience Everywhere: Complexity Theory, Panpsychism and the Role of Sentience in Self-

17. Kauffman, *At Home in the Universe.*

第3章

1. Mark d'Inverno, Neil D. Theise, and Jane Prophet, "Mathematical Modeling of Stem Cells: A Complexity Primer for the Stem-Cell Biologist," in *Tissue Stem Cells*, 2nd ed., ed. Christopher S. Potten et al. (New York: Taylor and Francis, 2006), 1–15.
2. Kauffman, *At Home in the Universe.*

第4章

1. K. A. Dill-McFarland, Z. Z. Tang, J. H. Kemis, J. H. et al. "Close Social Relationships Correlate with Human Gut Microbiota Composition." *Scientific Reports* 9, no. 703 (2019).
2. Dill-McFarland, K.A., Tang, ZZ., Kemis, J.H. et al. Close social relationships correlate with human gut microbiota composition. *Sci Rep* 9, 703 (2019).
3. I. L. Brito, T. Gurry, S. Zhao et al, "Transmission of Human-Associated Microbiota along Family and Social Networks," *Nature Microbiology* 4 (2019), 964–71.
4. S. J. Song, C. Lauber, E. K. Costello, C. A. Lozupone, G. Humphrey, D. Berg-Lyons, et al, "Cohabiting Family Members Share Microbiota with One Another and with Their Dogs," *Elife* (April 16, 2013), https://doi.org /10.7554/eLife.00458.

第5章

1. Neil D. Theise, "Now You See It, Now You Don't," *Nature* 435, no. 7046 (June 2005) : 1165, doi.org/10.1038/4351165a.
2. George K. Michalopoulos, Markus Grompe, and Neil D. Theise, "Assessing the Potential of Induced Liver Regeneration," *Nature Medicine* 19, no. 9 (September 2013) : 1096–7, doi.org/10.1038/nm.3325.

第6章

1. James E. Lovelock, "Gaia as Seen through the Atmosphere," *Atmospheric Environment* 6, no. 8 (August 1972) : 579–80, doi.org/10.1016/0004 -6981 (72) 90076-5.

出典に関する注

第2章

1. Benoit B. Mandelbrot, *Les objets fractals: Forme, hasard et dimension* (Paris: Flammarion, 1975).
2. M. Mitchell Waldrop, *Complexity: The Emerging Science at the Edge of Order and Chaos* (New York: Simon & Schuster, 1992), 202. [M・ミッチェル・ワールドロップ『複雑系——科学革命の震源地・サンタフェ研究所の天才たち』田中三彦・遠山峻征訳（新潮文庫2000年）]
3. Waldrop, *Complexity*, 203.
4. Martin Gardner, "The Fantastic Combinations of John Conway's New Solitaire Game 'Life,'" Mathematical Games, *Scientific American 223*, no. 10 (October 1970): 120–3, doi.org/10.1038/scientificamerican 1070-120.
5. Waldrop, *Complexity*, 208.
6. Waldrop, *Complexity*, 203.
7. Waldrop, *Complexity*, 203.
8. Waldrop, *Complexity*, 213.
9. Christopher G. Langton, "Studying Artificial Life with Cellular Automata," *Physica D: Nonlinear Phenomena* 22, no.1–3 (October-November 1986): 120, doi.org/10.1016/0167-2789 (86) 90237-X.
10. Stephen Wolfram, *A New Kind of Science* (Champaign, Illinois: Wolfram Media, 2002).
11. Roger Lewin, *Complexity: Life at the Edge of Chaos* (New York: Macmillan, 1992), 51.
12. Langton, "Studying Artificial Life," 129.
13. Norman H. Packard, "Adaptation toward the Edge of Chaos," in *Dynamic Patterns in Complex Systems*, ed. J. A. S. Kelso, A. J. Mandell, and M. F. Shlesinger (Singapore: World Scientific, 1988), 293–301.
14. Lewin, *Complexity*, 139.
15. Stuart A. Kauffman, *The Origins of Order: Self-Organization and Selection in Evolution* (New York: Oxford University Press, 1993).
16. Stuart A. Kauffman, *At Home in the Universe: The Search for Laws of Self-Organization and Complexity* (New York: Oxford University Press, 1995). [スチュアート・カウフマン『自己組織化と進化の論理——宇宙を貫く複雑系の法則』米沢富美子訳（ちくま学芸文庫2008年）]

tur der Materie (Stuttgart: Belser-Presse, 1967).

Holt, Jim. *When Einstein Walked with Gödel: Excursions to the Edge of Thought*. New York: Farrar, Straus and Giroux, 2018.

Johnson, Steven. *Emergence: The Connected Lives of Ants, Brains, Cities, and Software*. New York: Scribner, 2001.

Kauffman, Stuart A. *At Home in the Universe: The Search for Laws of Self-Organization and Complexity*. New York: Oxford University Press, 1995. [スチュアート・カウフマン『自己組織化と進化の論理――宇宙を貫く複雑系の法則』米沢富美子訳（ちくま学芸文庫 2008年）]

Lewin, Roger. *Complexity: Life at the Edge of Chaos*. New York: Macmillan, 1992.

Rovelli, Carlo. *Seven Brief Lessons on Physics*. Translated by Simon Carnell and Erica Segre. New York: Riverhead, 2016. [カルロ・ロヴェッリ『世の中ががらりと変わって見える物理の本』竹内薫・関口英子訳（河出書房新社 2015年）]

Sigmund, Karl. *Exact Thinking in Demented Times: The Vienna Circle and the Epic Quest for the Foundations of Science*. New York: Basic Books, 2017.

Waldrop, M. Mitchell. *Complexity: The Emerging Science at the Edge of Order and Chaos*. New York: Simon & Schuster, 1992. [M・ミッチェル・ワールドロップ『複雑系――科学革命の震源地・サンタフェ研究所の天才たち』田中三彦・遠山峻征訳（新潮文庫 2000年）]

Wolfram, Stephen. *A New Kind of Science*. Champaign, Illinois: Wolfram Media, 2002.

書誌

Ayer, A. J. *Language, Truth and Logic*. London: Penguin Classics, 2001. First published in 1936 by Victor Gollancz (London). [A・J・エイヤー『言語・真理・論理』吉田夏彦訳(ちくま学芸文庫2022年)]

Brockman, John. *The Third Culture: Beyond the Scientific Revolution*. New York: Touchstone, 1995.

Budiansky, Stephen. *Journey to the Edge of Reason: The Life of Kurt Gödel*. New York: W. W. Norton, 2021. [スティーブン・ブディアンスキー『クルト・ゲーデル』渡会圭子訳(森北出版2023年)]

Bushell, William C., Erin L. Olivo, and Neil D. Theise, eds. "Longevity, Regeneration, and Optimal Health: Integrating Eastern and Western Perspectives." *Annals of the New York Academy of Sciences* 1172, no. 1 (August 2009).

Edmonds, David. *The Murder of Professor Schlick: The Rise and Fall of the Vienna Circle*. Princeton, New Jersey: Princeton University Press, 2020.

Einstein, Albert. *Autobiographical Notes*. 1949. In *Albert Einstein: Philosopher-Scientist*, 3rd ed., eds. Paul Arthur Schilpp. La Salle, Illinois: Open Court, 1982. [アルベルト・アインシュタイン『自伝ノート』中村誠太郎・五十嵐正敬訳(東京図書1978年)]

Feynman, Richard. *The Character of Physical Law*. Cambridge, Massachusetts: MIT Press, 1965.

Gleick, James. *Chaos: Making a New Science*. New York: Penguin, 1988. [ジェイムズ・グリック『カオス:新しい科学をつくる』大貫昌子訳(新潮文庫1991年)]

——. *The Information: A History, a Theory, a Flood*. New York: Pantheon, 2011. [ジェイムズ・グリック『情報:情報技術の人類史』楡井浩一訳(新潮社2013年)]

Goldstein, Rebecca. *Incompleteness: The Proof and Paradox of Kurt Gödel*. New York: W. W. Norton, 2005.

Greene, Brian. *The Elegant Universe: Superstrings, Hidden Dimensions, and the Quest for the Ultimate Theory*. New York: Vintage, 2000. [ブライアン・グリーン『エレガントな宇宙——超ひも理論がすべてを解明する』林一・林大訳(草思社2001年)]

Heisenberg, Werner. *Natural Law and the Structure of Matter*. London: Rebel Press, 1970. Originally published as *Das Naturgesetz und die Struk-*

and Cosmos. Wheaton, Illinois: Quest Books, 1991.

Kapleau, Philip. *The Three Pillars of Zen: Teaching, Practice, and Enlightenment.* New York: Anchor Books, 2000. First published in 1965 by John Weatherhill (New York).

Matt, Daniel C. *The Essential Kabbalah: The Heart of Jewish Mysticism.* New York: HarperCollins, 1995.

O'Hara, Pat Enkyo. *A Little Bit of Zen: An Introduction to Zen Buddhism.* New York: Sterling Ethos, 2020.

———. *Most Intimate: A Zen Approach to Life's Challenges*. Boston: Shambhala, 2014.

Scholem, Gershom. *Kabbalah.* New York: Penguin, 1978. First published in 1974 by Keter (Jerusalem).

———. *Major Trends in Jewish Mysticism.* New York: Schocken Books, 1974. First published in 1941 by Schocken (Jerusalem). ［ゲルショム・ショーレム『ユダヤ神秘主義――その主潮流』山下肇・石丸昭二・井ノ川清・西脇征嘉訳（法政大学出版局2014年）］

New York University Press, 2001. First published in 1958.

意識——唯物論、汎心論、観念論

Chopra, Deepak, and Menas C. Kafatos. *You Are the Universe: Discovering Your Cosmic Self and Why It Matters*. New York: Harmony Books, 2017. ［ディーパック・チョプラ&メナス・C・カファトス『宇宙はすべてあなたに味方する』渡邊愛子・水谷美紀子・安部恵子・川口富美子訳（フォレスト出版2017年）］

Hofstadter, Douglas R. *Gödel, Escher, Bach: An Eternal Golden Braid*. New York: Basic Books, 1999. ［ダグラス・R・ホフスタッター『ゲーデル、エッシャー、バッハ——あるいは不思議の環』野崎昭弘・柳瀬尚紀・はやしはじめ訳（白揚社2005年）］

Kafatos, Menas C., and Robert Nadeau. *The Conscious Universe: Parts and Wholes in Physical Reality*. New York: Springer, 2000.

Kastrup, Bernardo. *The Idea of the World: A Multi-disciplinary Argument for the Mental Nature of Reality*. Winchester, England: Iff Books, 2019.

———. *Why Materialism Is Baloney: How True Skeptics Know There Is No Death and Fathom Answers to Life, the Universe, and Everything*. Winchester, England: Iff Books, 2014.

Koch, Christof. *The Feeling of Life Itself: Why Consciousness Is Widespread but Can't Be Computed*. Cambridge, Massachusetts: MIT Press, 2019.

Maturana, Humberto R., and Francisco J. Varela. *Autopoiesis and Cognition: The Realization of the Living*. Dordrecht, Holland: D. Riedel Publishing Company, 1980. ［H・R・マトゥラーナ& F・J・ヴァレラ『オートポイエーシス——生命システムとはなにか』河本英夫訳（国文社1991年）］

Nadeau, Robert, and Menas C. Kafatos. *The Non-local Universe: The New Physics and Matters of the Mind*. New York: Oxford University Press, 1999.

Penrose, Roger. *Shadows of the Mind: A Search for the Missing Science of Consciousness*. Oxford, England: Oxford University Press, 1994. ［ロジャー・ペンローズ『心の影——意識をめぐる未知の科学を探る』林一訳（みすず書房2016年）］

Stapp, Henry P. *Mindful Universe: Quantum Mechanics and the Participating Observer*, 2nd ed. New York: Springer, 2011. First published in 2007.

思想伝統と神秘主義

Kafatos, Menas, and Thalia Kafatou. *Looking In, Seeing Out: Consciousness*

参考資料

これらの主題に関する資料は他にも多数あるが、ここに挙げるのはわたしがもっとも多くを学んだ著作である。わたしの友人のものも含まれている。つまり、すべてわたしの師にあたる人びとの著作である。専門的なものも若干含まれているが、ほとんどは一般向けに書かれたものだ。

複雑系と生物学

Kauffman, Stuart A. *A World beyond Physics: The Emergence and Evolution of Life*. New York: Oxford University Press, 2019. [スチュアート・カウフマン『生命はいかにして複雑系となったか』水谷淳訳（森北出版2020年）]

Oyama, Susan. *The Ontogeny of Information: Developmental Systems and Evolution*, 2nd ed. Durham, North Carolina: Duke University Press, 2000. First published in 1985 by Cambridge University Press (Cambridge, England).

複雑性の社会・文化的意味

Kauffman, Stuart A. *Humanity in a Creative Universe*. New York: Oxford University Press, 2016.

———. *Reinventing the Sacred: A New View of Science, Reason, and Religion*. New York: Basic Books, 2008.

Redekop, Vern Neufeld, and Gloria Neufeld Redekop, eds. *Awakening: Exploring Spirituality, Emergent Creativity, and Reconciliation*. Lanham, Maryland: Lexington Books, 2020.

———. *Transforming: Applying Spirituality, Emergent Creativity, and Reconciliation*. Lanham, Maryland: Lexington Books, 2021.

物理学とゲーデル

Gamow, George. *Thirty Years That Shook Physics: The Story of Quantum Theory*. Garden City, New York: Doubleday, 1966. [ジョージ・ガモフ『現代の物理学——量子論物語』中村誠太郎訳（河出書房新社1980年）]

Isaacson, Walter. *Einstein: His Life and Universe*. New York: Simon & Schuster, 2007. [ウォルター・アイザックソン『アインシュタイン——その生涯と宇宙』二間瀬敏史・関宗蔵・松田卓也・松浦俊輔訳（ランダムハウスジャパン2011年）]

Nagel, Ernest, and James R. Newman. *Gödel's Proof*, rev. ed. New York:

図版クレジット

23頁：スレッコ・ディミトリジェビッチ
24頁：スレッコ・ディミトリジェビッチ
28頁：ベス・ケスラー
29頁：Jason Summers, "Asymmetric Wickstretcher w/ Time-Shifted Mirror-Symmetric Fencepost," May 3, 2005.
40頁：ベス・ケスラー
41頁：ベス・ケスラー
42頁：ベス・ケスラー
53頁：スレッコ・ディミトリジェビッチ
64頁：GJo, Wikimedia Commons, "Coat of Arms of Niels Bohr," used under CC BY-SA 3.0. Desaturated from original.
65頁：スレッコ・ディミトリジェビッチ
75頁：ベス・ケスラー
76頁：ベス・ケスラー
77頁：ベス・ケスラー
81頁：ベス・ケスラー
83頁：ベス・ケスラー
98頁：ベス・ケスラー
99頁：ベス・ケスラー
101頁：ベス・ケスラー
108頁：ベス・ケスラー
115頁：ベス・ケスラー
117頁：ベス・ケスラー
121頁：Jill Gregory. Reprinted from Neil D. Theise and Menas C. Kafatos, "Complementarity in Biological Systems: A Complexity View," Complexity 18, no. 6 (July/August 2013): 11–20. Rights obtained from John Wiley and Sons via Rightslink.

ニール・シース Neil Theise
NYUグロスマン医科大学院教授。
病理学を専門とし、成体幹細胞の可塑性や間質の組織などの研究で知られ、長年にわたり複雑性理論に関する研究をつづけてきた。これまで人体の一組織にすぎないと考えられていた間質は、固有の生理機能を営む臓器と捉えられるべきであるとの見解を示し、一般メディアにも取り上げられ大きな注目を集める。本書がはじめての著書。

訳者 **西村正人** にしむら・まさと
1960 年、京都府生まれ。早稲田大学第一文学部文芸専攻卒。出版社、ソフトウェアメーカー等勤務を経て翻訳へ。訳書に『スペシャルティコーヒーの経済学』(共訳・亜紀書房刊)。

「複雑系《ふくざつけい》」が世界《せかい》の見方《みかた》を変《か》える

関係《かんけい》、意識《いしき》、存在《そんざい》の科学理論《かがくりろん》

2024年9月8日　初版第1刷発行

著者　ニール・シース
訳者　西村正人
発行者　株式会社亜紀書房〒101-0051
東京都千代田区神田神保町1-32
電話(03)5280-0261
https://www.akishobo.com
装幀　五十嵐 徹(芦澤泰偉事務所)+Shutterstock.com
DTP　コトモモ社
印刷・製本　株式会社トライ https://www.try-sky.com

Printed in Japan
ISBN978-4-7505-1852-7

ビッグバンからあなたまで——若い読者に贈る138億年全史
シンシア・ストークス・ブラウン著
片山博文・市川賢司訳
四六判400頁 2500円+税

深海世界——海底1万メートルの帝国
スーザン・ケイシー著
棚橋志行訳
四六判432頁、カラー口絵24頁 2800円+税

死は予知できるか——一九六〇年代のサイキック研究
サム・ナイト著
仁木めぐみ訳
四六判272頁 2600円+税

激動の時代を生きるための地図となる、自然科学×人文科学=新・世界史「ビッグヒストリー」が登場。宇宙の誕生から現在、そして未来を一つの歴史として捉え、宇宙的視野で物事を見る新しい歴史の教科書。

世界80%の海底には詳細図すら存在しない。地球人共通の財産である「深海」に、最先端の科学技術と冒険心あふれる深海飛行士たちが挑んできた歴史と未来。静かなる闇に息づくその圧倒的な時の流れと生命の輝きに極限まで肉薄する科学ノンフィクション。

精神科医ジョン・バーカーは災害や事故を知らせる予知夢やビジョンに興味を抱き、「予知調査局」を設立する。やがて事件を驚異的に的中させる二人の「知覚者」が現れるが、かれらはバーカー自身の死を予知する——。人間の精神に宿る働きに迫ろうとした壮大な実験とその衝撃の顚末とは。